Denis Panneton

Syntonisation continue d'un laser à semi-conducteur

Denis Panneton

Syntonisation continue d'un laser à semi-conducteur

Presses Académiques Francophones

Imprint
Any brand names and product names mentioned in this book are subject to trademark, brand or patent protection and are trademarks or registered trademarks of their respective holders. The use of brand names, product names, common names, trade names, product descriptions etc. even without a particular marking in this work is in no way to be construed to mean that such names may be regarded as unrestricted in respect of trademark and brand protection legislation and could thus be used by anyone.

Cover image: www.ingimage.com

Publisher:
Presses Académiques Francophones
is a trademark of
International Book Market Service Ltd., member of OmniScriptum Publishing Group
17 Meldrum Street, Beau Bassin 71504, Mauritius

Printed at: see last page
ISBN: 978-3-8416-3768-0

Copyright © Denis Panneton
Copyright © 2015 International Book Market Service Ltd., member of OmniScriptum Publishing Group
All rights reserved. Beau Bassin 2015

Résumé

Le présent projet vise principalement l'obtention d'une plage de syntonisation continue (soit sans saut de mode) aussi large que possible à partir d'un laser à semi-conducteur. Le phénomène de syntonisation continue n'est pas nouveau, mais la recherche reste active dans ce domaine puisque la simplification et l'amélioration des méthodes l'imposent comme une des solutions les plus prometteuses pour certaines applications dans le domaine des communications, comme l'encodage à large bande, et de la biosurveillance, comme le balayage de l'absorption spectrale aiguë d'une substance. La capacité d'ajuster la fréquence d'un signal monomode avec précision et sans restriction majeure restera, du moins pour un futur relativement rapproché, une idée attrayante pour l'industrie et pour la recherche pure. Évidemment, plusieurs techniques ont été développées et raffinées avec les années. Bien que n'étant conséquemment pas une assise à proprement parler, ce projet s'avère être un complément à la marche du progrès dans ce domaine.

La veine principale des travaux de syntonisation continue se base sur les méthodes de déplacements angulaires conjugués ou non à un mouvement de translation d'un élément sélectif en longueur d'onde (typiquement un réseau à période fixe). Une autre branche a été exploitée par notre groupe de recherche, soit l'introduction de réseaux à période variable (dont la conception et la fabrication sont assurées par l'expertise de notre équipe) comme coupleurs externes d'un laser à semi-conducteur en cavité étendue. Des résultats récents ayant inspiré la viabilité de l'idée, notre groupe se penche présentement sur une optimisation du concept pour une utilisation simplifiée, plus compacte et systématisée. L'effet focalisant tangentiel de nos réseaux holographiques a été exploité pour réduire le nombre de composantes optiques nécessaires dans l'obtention d'une large plage de longueur d'onde syntonisable de façon continue.

Commentaires et remerciements

Bien qu'étant simplement une pièce bénigne, perdue dans l'immensité de la littérature académique des derniers siècles, ce mémoire aura été rédigé avec autant de rigueur, de créativité et d'ambition que possible. Je me suis lancé corps et âme dans la physique il y a de cela quelques années et mon parcours m'aura appris au moins une chose : il est tout à fait possible de s'amuser avec cette science, la plus fondamentale à mes yeux. Mon but personnel à travers mon cursus universitaire restera donc de créer et de garder, sur les phénomènes physiques les plus complexes, un regard d'enfant. Mélanger la rigueur essentielle à la profession et l'extravagance qui lui est absolument complémentaire, voilà donc mon audacieux mandat.

C'est grâce aux participations financières réunies du Conseil de recherches en sciences naturelles et en génie du Canada (CRSNG) et des Fonds de recherche du Québec - nature et technologie (FQRNT) que ce projet a pu être réalisé sans délai. Je remercie également la professeure Nathalie McCarthy, mon aimable directrice, qui a su me guider en toute circonstance, et ce, depuis le début de mon baccalauréat. Ses précieux conseils au niveau scientifique, administratif et personnel ont été une mine de motivation. C'est finalement à Gilles Fortin que revient un dernier monumental remerciement, considérant son apport plus que colossal au projet. Il est évident qu'avec un prédécesseur de sa trempe, le projet débutait sur des bases sûres et solides. Il a su rester disponible tout au long du processus de développement et d'expérimentations et m'a débloqué sans retenue lorsque mon autonomie venait à faire défaut.

Finalement, je tiens à remercier très personnellement tous ceux qui ont été proches de moi lors de ces deux dernières années. C'est grâce à nos proches que le travail peut rester sain et agréable. Merci à tous les joyeux lurons du 2177 pour la franche camaraderie qui s'est installée ô combien naturellement dans notre groupe de recherche.

Table des matières

Résumé　i

Commentaires et remerciements　iii

Table des matières　v

1 Introduction　1
  1.1 Revue de la littérature générale　1
    1.1.1 Lasers à semi-conducteurs　1
    1.1.2 Réseaux de diffraction　3
    1.1.3 Lentille asphérique　4
    1.1.4 Syntonisation d'une source laser　5
      1.1.4.1 Syntonisation en cavité étendue　5
      1.1.4.2 Syntonisation continue　6
    1.1.5 Montages existants　6
    1.1.6 Comportement émissif d'une diode laser　8
  1.2 Divisions de ce mémoire　8

2 Méthodologie et composantes optiques　11
  2.1 Méthodologie　11
    2.1.1 Composantes optiques　11
    2.1.2 Modèle théorique de syntonisation　12
    2.1.3 Cavité laser étendue prévue　12
    2.1.4 Conception du réseau　13
    2.1.5 Réajustement de la cavité envisagée　13
    2.1.6 Optimisation expérimentale de la cavité laser étendue　13
    2.1.7 Syntonisation continue　14
  2.2 Composantes optiques　14
    2.2.1 Schéma de la cavité　15

	2.2.2	Diode laser	17
	2.2.3	Lentille asphérique	20
	2.2.4	Réseau de diffraction	21
	2.2.5	Montures et axes ajustables	26
		2.2.5.1 Réinjection	26
		2.2.5.2 Points d'attache pour ajustement de la longueur de cavité	26
		2.2.5.3 Vis motorisée	27
	2.2.6	Valeurs utilisées dans les calculs	28

3 Modèle théorique de syntonisation — 29
- 3.1 Translation du réseau — 29
- 3.2 Condition de phase — 31
- 3.3 Équation de la période idéale — 31
- 3.4 Absence de sauts de modes — 32
- 3.5 Considérations de réinjection dans la diode — 35
- 3.6 Cavité laser étendue envisagée — 37
  - 3.6.1 Limites physiques — 38
  - 3.6.2 Valeurs utilisées pour la conception — 39

4 Conception du réseau — 43
- 4.1 Modélisation de l'étape d'exposition — 43
- 4.2 Optimisation des paramètres d'écriture — 46
- 4.3 Dépôt de la résine photosensible — 48
- 4.4 Exposition de la résine — 48
- 4.5 Développement de la résine exposée — 50
- 4.6 Dépôt d'une mince couche métallique — 51
- 4.7 Caractérisation du réseau fabriqué — 52
  - 4.7.1 Période effective — 52
  - 4.7.2 Focales — 54
  - 4.7.3 Réflectivité à 1540 nm — 57
  - 4.7.4 Profil de surface — 59

5 Cavité finale — 61
- 5.1 Réajustement de la cavité laser étendue — 61
  - 5.1.1 Simulations — 62
  - 5.1.2 Comparaison avec la cavité prévue — 63
- 5.2 Optimisation de la cavité réelle — 64
  - 5.2.1 Ajustement des axes et des angles dans la cavité — 64
  - 5.2.2 Ajustement de la courbure du faisceau au réseau — 71

		5.2.3 Ajustement de la longueur de la cavité	72
		5.2.4 Contraintes et degrés de liberté	72

6 Syntonisation avec le réseau produit — 75
   6.1 Méthode et algorithme d'acquisition 75
      6.1.1 Résolution de l'acquisition 77
   6.2 Figures types 77
   6.3 Résultats de syntonisation 78
   6.4 Influence d'une lentille/diode mobile 81
   6.5 Opération multimode 83
   6.6 Puissance 83

7 Conclusion — 85
   7.1 Sommaire 85
   7.2 Simulations supplémentaires 86
   7.3 Avenue théorique : Cavité ultra-compacte 87
      7.3.1 Allure désirée 88
      7.3.2 Développement de l'équation de lignes bidimensionnelle . . . 89
      7.3.3 Analyse des valeurs physiques 92
      7.3.4 Avenues expérimentales 93

A Équation solution de la période - Dérivation — 95

B Données d'acquisition — 97

Bibliographie — 99

Chapitre 1

Introduction

En première partie, une revue globale de la littérature concernant les pièces maîtresses constituant le montage et leur utilisation est présentée. La seconde partie décrit brièvement les principales divisions du mémoire.

1.1 Revue de la littérature générale

1.1.1 Lasers à semi-conducteurs

Les matériaux semi-conducteurs sont omniprésents dans le domaine de l'électronique moderne. Il s'agit de structures de conductance électrique médiane entre le conducteur et l'isolant. On représente un semi-conducteur comme une structure de bandes énergétiques, gérée par les différents matériaux et les différents dopants impliqués. La différence énergétique entre les bandes de conduction et de valence d'un semi-conducteur donné permet une émission libre de photons de différentes fréquences. La structure interne permet la présence de jonctions $p-n$, représentant un jumelage électron-trou dans les couches. Lorsque les électrons sont excités dans le semi-conducteur, une recombinaison des électrons et des trous dans les bandes crée un spectre large d'émission électromagnétique.

La diode laser est simplement une source cohérente ayant pour milieu actif un semi-conducteur. La possibilité d'utiliser un tel milieu pour produire de l'émission stimulée est proposée initialement par un groupe français, en 1961. C'est donc un an après l'invention du laser par Theodore Harold Maiman que Maurice G. A. Bernard et Georges Duraffourg suggèrent cette possibilité et en édictent les éventuelles conditions [1]. Un peu plus d'un an après la publication de ce résultat inspirant, l'équipe de recherche de General Electric offre une démonstration d'un tel phénomène d'émission stimulée [2]. Dans les premiers temps, le principal défi est de réduire le courant seuil, qui s'élevait jusqu'à 8000 A/cm^2 à des températures cryogéniques [2]. C'est grâce à de meilleures cavités et des dopants plus adaptés que l'opération en continu est rendue possible à température ambiante [3]. Le passage de l'homostructure (voir fig. 1.1a) à la double hétérostructure (voir fig. 1.1b) est le point tournant en ce sens [4, 5]. Les travaux conjoints d'Alferov et Kroemer sur le développement des technologies laser en semi-conducteur au début de la décennie 1960 leur vaut le prix Nobel de physique en 2000. C'est d'ailleurs au début du 21e siècle que le caractère universel de l'utilisation des diodes laser est reconnu.

Les lasers à semi-conducteurs ont l'avantage d'avoir une taille typique minimale, permettant une densité modale plus faible, "adoucissant" ainsi l'effet discontinu du seuil d'opération. L'étude de l'effet laser près dudit seuil fut donc grandement simplifiée par de tels dispositifs [6]. De plus, de par leur facilité de conception, ils sont devenus le type de laser le plus répandu au monde au début des années 2000. On les retrouve principalement dans le domaine des télécommunications, considérant leur syntonisabilité relativement simple. On en retrouve également dans différents instruments de mesure, dans les lecteurs optiques, comme certains pointeurs laser verts et rouges et finalement en spectrométrie. Bien que plusieurs applications pourraient être comblées par de plus puissants lasers à l'état solide ou des OPO, la diode laser reste plus simple, moins dispendieuse et plus rapide à produire, tout en offrant une stabilité et une adaptabilité très intéressantes pour l'industrie.

C'est dans le domaine des télécommunications que la diode laser semble avoir pris la plus grande importance, notamment depuis l'avènement de l'Internet. La demande en bande passante augmentant exponentiellement depuis la fin des années 1990, différentes avenues ont été analysées pour transporter plus d'informations numériques sur une plage de différentes longueurs d'onde simultanément. L'accordabilité des diodes laser fut donc une solution naturelle pour une telle problématique. Les structures VCSEL ("Vertical-Cavity Surface-Emitting Laser"), accordables sur une plus grande plage de longueurs d'onde, furent popularisées malgré leur faible rendement en puissance laser.

Le développement de diodes laser en cavité externe est la plus récente innovation

1.1. REVUE DE LA LITTÉRATURE GÉNÉRALE

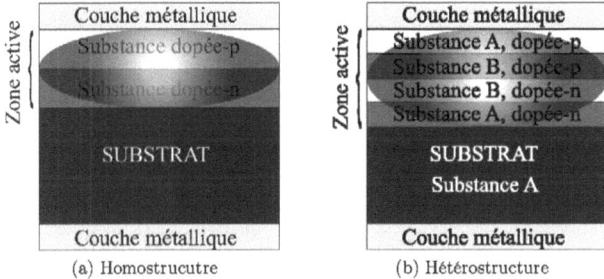

(a) Homostrucutre (b) Hétérostructure

FIGURE 1.1 – Schématisation grossière d'une diode laser.

reconnue dans les structures majeures. La structure VECSEL ("Vertical-Extended-Cavity Surface-Emitting Laser"), semblable à la structure VCSEL possède un de ses miroirs extérieur au milieu de gain, créant une zone de propagation libre dans la cavité [7]. Une diode VECSEL permet d'atteindre des puissances nettement supérieures à son équivalent en cavité simple. C'est le semi-conducteur en double hétérostructure sous une structure en cavité étendue qui reste l'avenue au demeurant la plus prometteuse dans le domaine de la syntonisation à large bande. Plusieurs configurations ont déjà été proposées, dont la configuration de Littrow [8], la configuration à incidence rasante au réseau ou encore à l'aide de plusieurs prismes augmentant la sélectivité spectrale du réseau [9].

1.1.2 Réseaux de diffraction

Un réseau de diffraction peut avoir plusieurs formes pour diverses utilisations. Dans le contexte des réseaux de surface dont il est question dans le présent ouvrage, il s'agit d'un matériau dont la surface est modulée pour permettre d'induire une modification périodique de la phase ou de l'amplitude d'une onde incidente. On arrive ainsi à obtenir des ordres de réflexion ou de transmission en plus de la réflexion spéculaire ou de la transmission directe. L'effet diffractif est régi par la période du réseau, soit l'espacement entre deux "lignes" consécutives dans son motif de surface.

C'est en 1785 que l'astronome Américain David Rittenhouse aurait inventé le premier réseau, et ce, quelques décennies après les recherches de Newton sur l'effet des prismes sur la décomposition de la lumière. Joseph von Fraunhofer a également contribué énormément aux progrès techniques et théoriques des réseaux de diffraction quelques années plus tard. Les premiers réseaux n'étaient constitués que de séquences de fentes au travers desquelles on faisait passer une onde lumineuse [10].

On retrouve des réseaux de toutes sortes dans la recherche et dans l'instrumentation reliées à de nombreux domaines scientifiques. On retrouve donc les réseaux de diffraction dans la plupart des monochromateurs et spectromètres. L'effet dispersif est dépendant de la longueur d'onde et de la période du réseau utilisé. Les indices de réfraction en jeu peuvent également, selon la fabrication, affecter les intensités relatives entre les ordres. Les réseaux de surface sont aujourd'hui fabriqués par gravure de précision ou encore par holographie. Les premiers ont un profil généralement binaire par opposition aux réseaux holographiques dont le profil est plutôt sinusoïdal (ou du moins, s'y apparente). L'approche théorique des réseaux est plus directement vérifiée pour les réseaux binaires, mais une approche vectorielle permet de tout aussi bien vérifier le profil d'intensité des ordres supérieurs pour un réseau au profil continu. Cependant, seule la périodicité affecte les angles des ordres supérieurs et une loi simple permet de les déduire pour tous les types classiques de réseaux. On obtient un angle de déviation θ_m pour l'ordre m tel que

$$\sin \theta_m = m \frac{\lambda}{\Lambda} + \sin \theta_i, \qquad (1.1.1)$$

où λ est la longueur d'onde diffractée, Λ la période du réseau et θ_i l'angle d'incidence du faisceau. En pratique, θ_m doit être compris entre -90° et +90° pour que cet ordre existe. Les angles θ_i et θ_m sont mesurés par rapport à la normale à la surface moyenne du réseau.

1.1.3 Lentille asphérique

Une lentille asphérique est une lentille dont la focale est supposée constante sur tous ses axes tangentiels. Elle est fabriquée de sorte que sa forme ne soit pas sphérique (d'où le terme asphérique) afin d'éviter des aberrations majeures sur l'axe dues à sa surface. Elles sont généralement construites pour accepter un faisceau incident fortement divergent et sont optimisées pour permettre une bonne collimation.

1.1. REVUE DE LA LITTÉRATURE GÉNÉRALE

Leur utilisation est privilégiée car une telle lentille peut remplacer un amalgame de plusieurs lentilles conventionnelles. En ophtalmologie, par exemple, elles permettent des verres bien plus minces sans perte de qualité [11]. En recherche optique, elles se sont imposées comme lentille de prédilection pour la collimation de faisceaux laser fortement divergents. Les lentilles dont l'utilisation n'est pas trop sensible peuvent être produites par moulage d'un verre ou d'un plastique. Pour une utilisation scientifique rigoureuse, il est possible de polir la surface par contact malgré la forme non conventionnelle de la pièce optique [12]. La méthode de fabrication la plus simple reste l'ajustement hors axe d'une surface préalablement sphérique. Des méthodes d'ablation par plasma ou de dépôt de résine ont également été proposées. Une manipulation de lentilles liquides asphériques par un champ électromagnétique a aussi été explorée [13].

1.1.4 Syntonisation d'une source laser

La syntonisation à proprement parler consiste simplement en la sélection d'une longueur d'onde particulière à favoriser dans un processus d'émission stimulée. En d'autres termes, il s'agit de restreindre l'émission d'une source naturellement polychromatique à une émission cohérente monochromatique ou de spectre très étroit incluse dans la fouchette de longueurs d'onde accessibles.

1.1.4.1 Syntonisation en cavité étendue

Comme mentionné précédemment, les diodes laser ont été des sujets de prédilection pour ce genre de spécialisation, le caractère continu et large du spectre d'émission d'une source lumineuse étant la principale caractéristique recherchée pour une syntonisation sur une plage maximale. Pour les lasers à semi-conducteurs, la syntonisation d'une certaine longueur d'onde pour l'opération laser peut être atteinte puisqu'on ceint un milieu de gain par deux surfaces réfléchissantes. Ces surfaces forment une cavité résonnante qui favorise l'amplification de certaines longueurs d'onde. Les modes possibles dans une telle cavité représentent donc un peigne de fréquences discrétisées. Lors d'une syntonisation grossière, on ne se préoccupe pas du mode solution dans la cavité, mais seulement de la possibilité d'obtenir, à partir d'une même source, différentes longueurs d'onde en émission stimulée avec différentes configurations. Des réseaux à période variable ont déjà été utilisés pour atteindre une telle syntonisation discrète [14].

1.1.4.2 Syntonisation continue

Il est possible d'obtenir, sur une certaine plage plus ou moins restreinte, une syntonisation ne comportant aucun saut de mode. Pour y arriver, la longueur de la cavité résonnante se doit d'être ajustée en même temps que la longueur d'onde syntonisée, pour s'assurer qu'un mode constant soit favorisé dans ladite cavité [15, 16]. Par opposition à la syntonisation grossière, la syntonisation continue requiert davantage de précaution puisque les ajustements doivent être précis à l'échelle de la longueur d'onde. En d'autres termes, si on considère un montage ayant un peigne de fréquences-solutions et une courbe de gain donnés, le défi consiste à modifier ces deux paramètres de façon totalement conséquente.

La syntonisation continue devient une solution pour plusieurs problématiques dans diverses sphères des technologies. En spectroscopie de précision, par exemple, la possibilité d'avoir une source cohérente pour un balayage sans régions inaccessibles est un enjeu encore actuel [17, 18]. Dans le domaine des télécommunications, l'accordabilité sans sauts de modes peut optimiser la capacité de transmission d'informations dans des éléments déjà existants [19]. Finalement, il est possible de penser à diverses activités de recherche, parmi lesquelles la caractérisation de précision et l'interférométrie critique (e.g. gravure holographique, cavités résonantes, etc.) peuvent être aidées par la syntonisation continue d'une source laser.

1.1.5 Montages existants

Les conditions d'obtention d'une syntonisation continue sont aujourd'hui reconnues et différents montages ont conséquemment été proposés [20–22]. Deux configurations sont aujourd'hui très courantes dans le domaine de la syntonisation. La première est la configuration de Littman-Metcalf (voir fig. 1.2a). On y sélectionne la longueur d'onde en renvoyant, par un miroir externe, l'ordre -1 à différents angles, rétropropageant ainsi le faisceau à son deuxième passage sur le réseau. La deuxième est la configuration de Littrow (voir fig. 1.2b), utilisant directement la rotation du réseau à période constante pour renvoyer une longueur d'onde différente dans la cavité interne. Dans cette configuration, le faisceau couplé par l'ordre 0 change de direction lors de la syntonisation de la longueur d'onde (on peut alors extraire le faisceau de l'autre facette de la diode laser).

Pour obtenir une syntonisation continue, cependant, la longueur de la cavité

1.1. REVUE DE LA LITTÉRATURE GÉNÉRALE

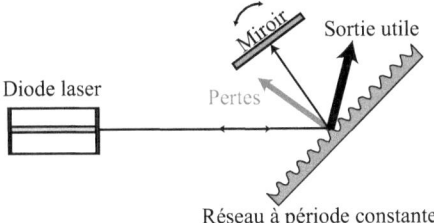

(a) Configuration de Littman-Metcalf

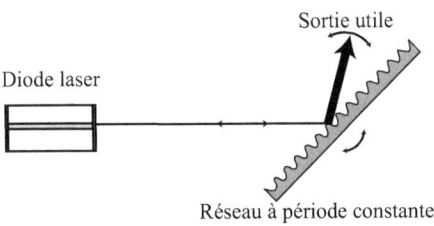

(b) Configuration de Littrow

FIGURE 1.2 – Configurations typiques de syntonisation d'une diode laser. Les pertes indiquées en (a) sont l'ordre 0 de la réflexion.

doit être ajustée en temps réel avec la longueur d'onde sélectionnée. L'opération en mode unique impose donc, pour un système en rotation pure, la présence d'un point pivot hors axe. Dans le cas des configurations précédentes, les schémas de syntonisation continue restent simples, mais impliquent forcément une instabilité supplémentaire, considérant un bras de levier augmenté. De plus, l'analyse de la position optimale du point de pivot demeure complexe.

1.1.6 Comportement émissif d'une diode laser

Une diode laser émet naturellement de façon très divergente. Il est essentiel de collimater le faisceau lorsque l'utilisation implique une propagation sur plus de quelques millimètres. En émission libre (soit sans inclusion dans une cavité étendue), une diode possédera un seuil d'émission laser dépendant des caractéristiques réflectives de ses extrémités. Plus la diode sera courte, plus ses modes internes seront espacés. La divergence du faisceau sortant dépendra des dimensions transverses à l'axe optique et des différents paramètres de confinement.

1.2 Divisions de ce mémoire

L'obtention d'une plage syntonisable continue avec une diode laser en cavité étendue est le but visé par le présent projet. Ce mémoire est donc construit de telle sorte que les pièces menant à ce résultat soient présentées dans un ordre direct et logique.

Le chapitre 2 sera en deux principaux volets. On y explicitera, en premier lieu, les différentes étapes, ce qui les entraîne, ainsi que ce qu'elles apportent. Il s'agit en fait de la méthodologie suivie en cours de projet. Le deuxième volet portera sur les informations relatives au choix des composantes optiques utilisées, telles que proposées selon la méthodologie adoptée.

C'est dans le chapitre 3 que les principes mathématiques fondamentaux de la syntonisation continue seront exposés. On y expliquera les différentes considérations à prendre en compte lors de la fabrication du montage. La cavité finale envisagée, considérant les limites physiques imposées, y sera également décrite

La fabrication du réseau à période variable étant un élément clé de la méthode proposée, sa conception sera décrite en détails au chapitre 4.

Le chapitre 5 portera donc sur toutes les simulations et l'optimisation en laboratoire nécessaires pour l'obtention des résultats finaux. La caractérisation précise du réseau conçu permettra d'ailleurs de prédire les résultats potentiels avec rigueur.

Le chapitre 6 exposera les résultats concrets de la syntonisation après l'optimi-

1.2. DIVISIONS DE CE MÉMOIRE

sation totale de la cavité.

Le chapitre 7 clôturera le projet, en proposant une nouvelle avenue permise par l'analyse des effets focalisants d'un réseau à période variable en cavité étendue. Un retour sera fait sur les résultats et la méthode.

Les travaux ici présentés ont fait l'objet d'une présentation et d'un compte rendu, produits au mois de juin 2012.

Chapitre 2

Méthodologie et composantes optiques

2.1 Méthodologie

Un survol ainsi qu'une mise en perspective de chaque étape principale et de chaque aspect important du projet sont présentés afin de pouvoir suivre le processus complet avec une idée globale unificatrice. Le but est donc ici de bien comprendre l'ordre logique des éléments et de leur aspect adapté ou innovateur.

2.1.1 Composantes optiques

Puisque le projet consiste en la modélisation, la conception puis en l'optimisation d'une cavité laser étendue simple, chaque élément optique inséré devra être judicieusement choisi. Peu de caractéristiques suboptimales pourront être compensées dans le trajet optique par d'autres composantes et chaque étape sera cruciale pour l'obtention du phénomène très sensible qu'est la syntonisation continue. Cette étape est à la fois un point de départ et une conséquence des observations de projets précédents effectués par notre groupe de recherche. Le choix de la diode laser sera la base de l'analyse des faisceaux solution dans la cavité. La taille du faisceau gaussien solution et les longueurs d'onde accessibles seront les principaux facteurs influents dictés par la diode. La lentille devra être choisie en fonction de sa taille, des pertes

12 *CHAPITRE 2. MÉTHODOLOGIE ET COMPOSANTES OPTIQUES*

potentielles engendrées et de sa focale, tout en considérant les distances-types recherchées. Finalement, le réseau sera fabriqué en cours de projet. Sa conception par holographie requerra cependant un choix de composantes pour la gravure et de matériaux de recouvrement de surface. Une sélection sensée des montures utilisées sera également critique puisque la compacité du montage représente un des défis du projet.

2.1.2 Modèle théorique de syntonisation

Nous développerons les concepts mathématiques et les algorithmes représentant la syntonisation visée. À ce point, nous n'avons pas encore déterminé l'équation de la période du réseau qui sera construit, mais nous pourrons en déduire l'équation idéale considérant une cavité solution donnée. Nous tenterons également de juger de la validité de nos simulations et de la sensibilité de différents paramètres dans la conception. Selon le modèle proposé dans ce mémoire, une translation du réseau sera simulée pour en déduire la longueur d'onde syntonisée à partir du peigne de fréquences permises et de la longueur d'onde principalement retournée. Une analyse détaillée de la réinjection en termes matriciels sera proposée grâce au développement d'une matrice ABCD représentant notre réseau par notre équipe dans des publications précédentes [23, 24].

2.1.3 Cavité laser étendue prévue

Nous devons définir les limitations physiques lors du montage de la cavité laser étendue. De ces limitations, un algorithme d'optimisation nous permettra de déterminer quelles valeurs nous tenterons de viser lors de la conception finale. Cette partie requiert une certaine connaissance du montage final attendu, acquise par l'évolution de projets précédents et par la disponibilité des pièces impliquées. Évidemment, nous considérons des situations idéales et déciderons quelles caractéristiques nous tenterons d'atteindre pour le réseau à fabriquer et pour les différentes distances de la cavité laser. Les simulations portant sur les écarts avec la configuration solution seront exécutées, puis discutées.

2.1. MÉTHODOLOGIE

2.1.4 Conception du réseau

Lorsque nous saurons ce qui est visé et que nous connaîtrons l'équation idéale du réseau à fabriquer, il sera nécessaire de le réaliser le plus précisément possible. La modélisation de l'exposition du réseau par méthode holographique sera développée, puis sa conception physique sera explicitée. Lors de la caractérisation du réseau, nous pourrons quantifier l'écart avec le réseau solution. La méthode de conception est une méthode développée et adaptée par notre équipe de recherche ; le chapitre 4 y est dédié à des fins de suivi direct.

Le réseau de diffraction à période variable est l'élément optique le plus critique de la configuration proposée. Sa conception pourrait en fait s'étendre à toute fonction de période envisageable pour un réseau de surface. Les limites se situeraient alors dans les paramètres d'écriture.

2.1.5 Réajustement de la cavité envisagée

À ce point, nous connaîtrons très précisément l'équation de la période du réseau conçu. Cependant, un écart même minime entre la période idéale et réelle est suffisante pour réduire considérablement la plage de syntonisation continue de notre laser. Lors de la simulation de la translation du réseau dans la cavité, on remarquera qu'il est possible de réajuster les paramètres jusqu'ici fixés pour optimiser la plage syntonisable. Ce sont ces données qui seront utilisées lors de la conception finale, puisque les données solution ne seront pas nécessairement optimales avec le matériel réel à notre disposition. On remarquera l'écart minimal pour lequel les résultats pourront être intéressants. Cette analyse permettra de savoir, en laboratoire, sur quels aspects se concentrer lors de l'alignement des composantes optiques pour éviter un résultat décevant.

2.1.6 Optimisation expérimentale de la cavité laser étendue

En laboratoire, plusieurs des distances calculées ne peuvent être mesurées directement. Il s'agira d'optimiser les différents facteurs influents pour obtenir la configuration souhaitée pour des résultats idéaux. Les axes des différentes montures devront être balayés pour améliorer la réinjection du faisceau dans la diode.

Une bonne réinjection sera nécessaire pour permettre d'obtenir un gain seuil suffisamment sélectif. La longueur de la cavité sera également réajustée selon un procédé précis permis par l'analyse de l'évolution de la longueur d'onde syntonisée en situation suboptimale.

Cette partie sera très critique par rapport aux travaux précédents. En effet, le retrait d'une lentille cylindrique modifie la réinjection au long de la translation. Pour bien juger de la qualité de la rétropropagation du faisceau en un point spatial donné, l'analyse de la réinjection devra être faite sur l'axe complet, plutôt qu'en un point comme il aurait été nécessaire avec des éléments optiques compensant l'effet focal distinct des axes au réseau de diffraction.

2.1.7 Syntonisation continue

Une fois tous les éléments mis en place, plusieurs balayages complets de la zone syntonisable seront faits pour observer le potentiel maximal et la stabilité du processus. C'est là l'aboutissement du projet. La méthode d'acquisition devra être très précise pour permettre la détection de sauts de mode de l'ordre de la dizaine de picomètres. Cette grandeur de sauts spectraux est plutôt typique, considérant les grandeurs habituelles dans des circonstances de syntonisation continue dans l'infrarouge. La syntonisation continue sur toute la plage envisagée ne pourra être obtenue qu'après une optimisation parfaite et extrêmement sensible des paramètres. On remarquera cependant si les résultats correspondent bien aux écarts envisageables théoriquement dans le cas d'un écart plausible des distances et angles en jeu.

2.2 Composantes optiques

Pour obtenir une syntonisation convenable, il est primordial d'avoir accès à des composantes de qualité adaptées à nos besoins. Nous passerons en revue les principales pièces du montage, leurs exigences et leurs limitations éventuelles.

2.2. COMPOSANTES OPTIQUES

2.2.1 Schéma de la cavité

L'innovation première du projet réside dans la simplicité de la cavité externe. Par opposition aux cavités impliquant un réseau à période constante, le schéma proposé avec un réseau à période variable n'implique qu'une simple translation du réseau. L'axe de la translation (axe t) étant différent de celui parallèle à la surface moyenne du réseau, on modifie à la fois la longueur d'onde retournée principalement dans la diode et la longueur de la cavité (voir figs. 2.1 et 2.2). C'est en accordant l'évolution de ces deux paramètres dans des conditions données qu'un mode évoluera sans décalage sur une plus grande plage de longueur d'onde.

Les travaux précédents dans cette lignée comportaient une lentille cylindrique en plus d'une lentille asphérique dans l'axe de la cavité externe (voir fig. 2.1).

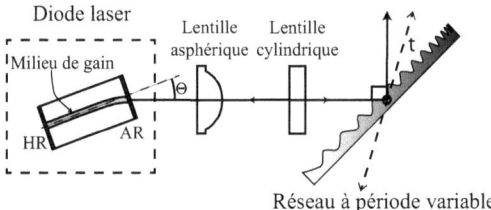

FIGURE 2.1 – Cavité étendue comportant une lentille cylindrique dont l'effet focalisant est selon l'axe perpendiculaire au schéma et une lentille asphérique. La translation du réseau se fait le long de l'axe t.

L'étude des réseaux à période variable nous ayant permis de constater un effet focalisant sagittal (soit dans le plan sortant de la page sur les schémas de cavité), le retrait de la lentille cylindrique peut être compensé, permettant une cavité étendue plus simple (voir fig. 2.2).

Plusieurs axes reviendront durant le projet par rapport au montage. Le premier est l'axe de translation du réseau t. Cet axe est à un angle θ (nommé angle de translation) de la perpendiculaire au faisceau incident au réseau (voir fig. 2.2). Pour que la translation permette une évolution de la longueur d'onde en même temps qu'une évolution de la longueur de la cavité, l'axe t de doit pas être confondu avec

16   CHAPITRE 2. MÉTHODOLOGIE ET COMPOSANTES OPTIQUES

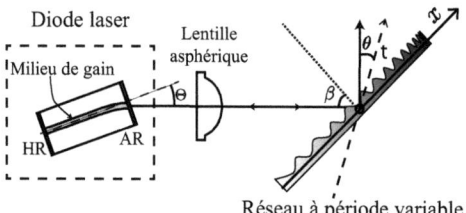

FIGURE 2.2 – Cavité étendue simplifiée grâce à l'effet focalisant sagittal induit par le réseau à période variable. La translation se fait le long de l'axe t.

la surface du réseau. L'axe de translation servira de repère lors des incréments de la vis motorisée dt et ne sera utilisé que pour des considérations expérimentales.

L'axe considéré principalement lors des analyses mathématiques de translation est l'axe x (voir fig. 2.2). Un point sur cet axe représente une position sur le réseau et la valeur x_0 représente la position pour laquelle le centre du faisceau touche le réseau. On utilisera x comme coordonnée pour décrire la fonction de la période du réseau et x_0 lors de la description de la cavité lorsqu'un point donné du réseau est le point d'incidence du faisceau laser. L'axe y (perpendiculaire aux schémas des figs. 2.1 et 2.2) représente l'axe perpendiculaire à l'axe x sur la surface du réseau. Cet axe sera utilisé lors des considérations de focalisation sagittale.

Il est important de définir ici les longueurs et les axes impliqués dans la cavité à des fins de référence future. La longueur $L(x_0)$ de la cavité représente le trajet optique total tel que vu par le faisceau entre la face arrière de la diode laser et le réseau. Elle est fonction de x_0, la position du point d'impact au réseau. Cette longueur de cavité étendue peut être décomposée. La distance interne de la diode est décrite par $n_d L_d$, où n_d est l'indice de réfraction du milieu de gain dans la diode et L_d est la longueur de la diode. L_{da} représente ensuite la distance entre la sortie de la diode (le plan de sortie) et la face de la lentille asphérique tournée vers la diode. Le trajet de longueur L_a dans la lentille d'indice de réfraction n_a est considéré et correspond donc à un trajet optique de $n_a L_a$. La longueur totale est complétée par la distance $L_{ar}(x_0)$, entre la lentille et le réseau. C'est cette longueur seulement qui variera lors de la translation du réseau. L'angle β représente l'angle d'impact du faisceau par rapport à la normale à la surface moyenne du réseau. L'angle désigné

2.2. COMPOSANTES OPTIQUES

par Θ sur la figure 2.2 est l'angle de sortie du faisceau par rapport à la normale à la face de la diode. En effet, la forme du guide interne de la diode implique un axe optique courbe. Cet angle est calculé et imposé par le fabricant pour aider à diminuer la rétroaction causée par la réflectivité résiduelle de la face de sortie de la diode laser (du côté de la lentille asphérique) et ainsi optimiser les effets sélectifs en longueur d'onde de la cavité externe. L'angle de sortie ne modifiera cependant pas l'analyse et n'impliquera simplement qu'une opération monomode facilitée.

Pour un alignement parfait selon nos besoins, la lentille asphérique doit être très légèrement inclinée pour éviter une sous-cavité indésirable sans pour autant désaxer le faisceau. Nous reviendrons sur cette considération cependant mineure dans la section sur la procédure d'alignement.

2.2.2 Diode laser

On recherche une diode accordable sur une grande plage de longueur d'onde. La plage idéale se situerait également dans l'infrarouge, considérant son utilisation classique en communications optiques. Il est à noter toutefois que la technique utilisée ne se limite pas à l'utilisation en infrarouge.

C'est chez COVEGA Corp. que nous avons pu trouver une série de diodes qui pouvaient convenir. La diode, représentée schématiquement en figure 2.3, possède une surface hautement réflective (HR) et une surface anti-réfléchissante (AR). Cette dernière est à angle Θ par rapport au milieu actif. C'est cette face qui est du côté de la cavité externe.

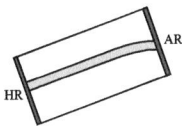

FIGURE 2.3 – Représentation de la diode laser utilisée.

La diode utilisée possède un milieu de gain d'InP, conçu principalement pour l'utilisation en cavité externe dans un contexte de syntonisation (continue ou non). Les diodes laser COVEGA sont reconnues pour leur large bande syntonisable, pour leur puissance de sortie relativement élevée et pour leur anti-reflet de qualité à la surface inclinée. La diode a été optimisée pour une opération en configuration de Littrow avec moins de 5 dB de pertes en cavité externe (incluant le couplage utile), ce qui convient fondamentalement à notre configuration, puisque le comportement de la diode est indépendant de la méthode de sélection spectrale utilisée (translation, rotation ou hybride). Les pertes dans notre cavité seront également minimales considérant le nombre limité de pièces optiques et l'optimisation de la réinjection. La diode est activée grâce à un courant d'opération pouvant atteindre 350 mA. Les spécifications techniques données par le fabricant en utilisation Littrow permettront de constater des ordres de grandeur atteignables (courant d'opération au dessus du courant seuil, puissance laser utile, etc.) dans notre cavité, en considérant des pertes inférieures.

Le spectre d'émission de la diode s'étend sur plus de 150 nm autour de la longueur d'onde centrale de 1505 nm. Selon le fabricant, elle est optimisée pour une opération laser à 1540 nm. Nous considérerons donc 1540 nm comme étant la longueur d'onde de référence (λ_{ref}). La position du réseau pour laquelle cette longueur d'onde sera principalement retournée sera conséquemment considéré comme le point de référence et sera fixé à $x_0 = 0$. La déduction de l'indice de réfraction de la diode fut rendue possible grâce à l'analyse d'un effet cyclique dans la puissance de sortie en émission libre d'une diode de la même série [25]. On sait que le déphasage accumulé lors d'un aller-retour, dans la diode, entre les surfaces HR et AR, sera fonction de la longueur d'onde telle que

$$\phi_d(\lambda) = \frac{2\pi}{\lambda} 2n_d L_d. \qquad (2.2.1)$$

La périodicité dans la puissance sortante est donc le reflet de l'oscillation entre un déphasage maximal et minimal entre les aller-retours dans la cavité. La période de cette oscillation est donc

$$p(\lambda) \equiv \left| \frac{\partial |\phi_d(\lambda)/2\pi|}{\partial \lambda} \right|^{-1}. \qquad (2.2.2)$$

De cette dernière relation, on retrouve

$$n_d = \frac{\lambda^2}{2L_d p(\lambda)}, \qquad (2.2.3)$$

où $p(\lambda)$ représente la période spectrale d'oscillation. Avec une oscillation caractérisée par $p = 0.35$ nm autour de $\lambda = 1545$ nm, on a pu déduire l'indice de réfraction moyen de la diode InP comme $n_d = 3.4$. Concrètement, l'oscillation du déphasage

2.2. COMPOSANTES OPTIQUES

dans la diode représente une variation de la réflectivité effective résiduelle subie par le faisceau réfléchi à la face de sortie de la diode.

La diode laser possède un courant seuil de 60 à 75 mA en opération Littrow avec 5 dB de pertes. Nous verrons dans une section subséquente que les pertes que nous avons mesurées peuvent très bien être estimées comme inférieures puisque nous obtiendrons un courant seuil aussi bas que 24 mA dans notre configuration finale, avec une réinjection optimale à la longueur d'onde d'opération laser privilégiée de 1540 nm. Ces données sont à titre indicatif seulement, une discussion plus rigoureuse suivra.

La puissance laser continue peut atteindre environ 75 mW, pour une opération à un courant maximal de 350 mA. La courbe de gain proposée par le fabricant reste relativement élevée par rapport à sa valeur de référence aux alentours de 1550 nm, permettant une plage syntonisable théorique sur une centaine de nm.

La réflectivité de la face AR de la diode est évaluée à 0.001%, ce qui inhibe une résonance sur un mode interne de la diode. Évidemment, les solutions modales permises par la cavité interne imposent la nécessité d'avoir une excellente réinjection, pour qu'un gain seuil minimal ne soit associé qu'à un mode interne visé. Ce phénomène de régions spectrales inaccessibles sera discuté dans la section 6.3. La réflectivité en puissance de la face HR est évaluée aux alentours de 95%.

Pour la diode laser choisie, nous avons une distance $L_d = 1.0$ mm et un angle de sortie de $\Theta = 19.5°$. La divergence du faisceau à la sortie est de 16° dans le plan parallèle à la jonction (plan du schéma de la fig. 2.3) et d'environ 30° dans le plan perpendiculaire à la jonction. Cette grande divergence est due aux petites dimensions de la diode laser ; la taille de faisceau sortant est de l'ordre du μm dans les deux axes. Cette grande divergence sera compensée par la lentille de collimation asphérique.

La sortie à angle du laser, jumelé à la taille latérale du milieu actif, permet la sélection d'un seul mode latéral fondamental. L'analyse de la dynamique d'émission à l'interne de la diode laser est simplifiée, ce qui permet de comprendre plus facilement le comportement des éventuels changements de mode longitudinal. Ce même angle permet, selon le fabricant, d'imposer une opération monomode longitudinale. Il a cependant été remarqué qu'une configuration où le réseau est situé dans le plan de pincement du faisceau gaussien solution permet une opération multimode, néfaste dans notre contexte. Cette observation est mise en lumière à la section 6.5.

CHAPITRE 2. MÉTHODOLOGIE ET COMPOSANTES OPTIQUES

La diode est déposée sur un élément refroidissant contrôlé (voir fig. 2.4) pour permettre une plus grande stabilité durant l'utilisation. Son opération CW (en continu) a été optimisée à 25 °C et y est maintenue durant la syntonisation.

FIGURE 2.4 – Diode montée sur son puits de chaleur (Montage fabriqué par COVEGA-Thorlabs).

2.2.3 Lentille asphérique

La lentille utilisée à la sortie pour la collimation du faisceau de la diode laser doit limiter les aberrations, pour obtenir un faisceau gaussien le plus pur possible lors de l'opération laser. Puisque, comme nous le verrons plus tard, la taille du faisceau au niveau de la lentille est encore petite, une lentille de moins d'un centimètre de diamètre pouvait suffire. L'ouverture numérique de cette lentille doit rester suffisamment élevée pour permettre une transmission maximale du faisceau de la diode laser et une minimisation des pertes. Une lentille asphérique fabriquée par Thorlabs (modèle A230-C, de focale effective $f_a = 4.51$ mm) avec antireflet pour l'infrarouge a donc été utilisée.

La lentille possède deux faces de courbures différentes, pour une focale effective très courte. Le pouvoir focalisant élevé de la lentille permet de conserver une cavité très courte (de l'ordre de 4 cm), pour une plus grande stabilité dans la syntonisation.

Par convention, le rayon de courbure de la lentille sera positif lorsque convexe par rapport au faisceau incident.

2.2. COMPOSANTES OPTIQUES

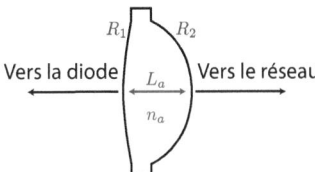

FIGURE 2.5 – Dimensions inhérentes à la lentille asphérique et disposition.

La lentille représente un peu plus de 10% du trajet optique total de la cavité et sera considérée comme épaisse dans les analyses. Nous négligerons les effets de réflexion des lentilles dans la diode lors de l'analyse. On peut justifier cette assertion car la portion réinjectée dans la diode par la lentille en présence d'une configuration optimisée sera infime par rapport à la portion réinjectée par le réseau. Le gain seuil pour une éventuelle opération sur un mode dicté par la sous-cavité lentille-diode sera donc nettement supérieur au gain seuil de l'opération visée.

2.2.4 Réseau de diffraction

Le réseau de diffraction représente le plus grand défi de conception et de modélisation de la cavité. L'aspect quantitatif de sa période ne pourra être défini que plus tard. Nous choisissons ici sa méthode de fabrication générale. Puisque notre groupe de recherche a déjà développé et perfectionné une méthode de gravure holographique pour des réseaux utilisés dans l'infrarouge, il semble tout naturel d'en considérer la légitimité d'utilisation. Un recouvrement en aluminium permettra son utilisation en réflexion.

Notre installation de gravure utilise un laser à ion argon @458 nm. Une résine positive *Shipley S1813*, photosensible dans ces longueurs d'onde, est disponible en laboratoire. Pour utilisation sur substrat de verre, un apprêt *MCC Primer 80/20* a été utilisé. La méthode consiste en la recombinaison de deux faisceaux sur la résine, dont la différence de phase imprime un schéma interférentiel sur la surface.

22 CHAPITRE 2. MÉTHODOLOGIE ET COMPOSANTES OPTIQUES

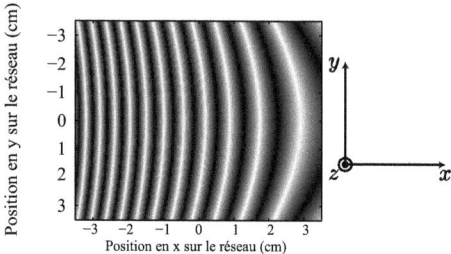

FIGURE 2.6 – Axes de références, par rapport au réseau considéré. La période est variable et les lignes de relief sont courbes. L'écart entre les lignes est exagéré à des fins d'illustration.

Nous définissons sur le réseau un système d'axes tels que la surface se situe dans le plan xy, avec z comme normale à l'interface (voir fig. 2.6). L'axe selon lequel le point d'impact du faisceau se déplace lors de la translation est x. Nous décrirons notre réseau par sa fonction de lignes $N(x,y)$. Cette fonction détermine le nombre de lignes accumulées depuis un point de référence (i.e. N=0) arbitraire. Dans le sens positif de la translation, le nombre de lignes accumulé sera positif et inversement. Considérant notre méthode de conception du réseau, une courbure dans les lignes impose une dépendance en y de notre fonction N. En fait, la recombinaison des faisceaux d'écriture mentionnés plus haut ayant respectivement une phase accumulée ϕ_1 et ϕ_2, dépendante de la position dans le plan du réseau, permet l'inscription d'une fonction de lignes

$$N(x,y) = \frac{1}{2\pi}\left(\phi_2(x,y) - \phi_1(x,y)\right). \qquad (2.2.4)$$

La valeur de la période, primordiale à l'analyse de la longueur d'onde retournée dans la cavité, peut donc être retrouvée sur l'axe puisqu'il s'agit de l'inverse du taux de variation de la fonction de ligne, évalué $y=0$ pour un point d'impact x_0. Mathématiquement, on a

$$\Lambda(x_0) = \left[\left.\frac{\partial N(x,y)}{\partial x}\right|_{x=x_0, y=0}\right]^{-1} \equiv \frac{1}{N^{(x)}(x_0)}. \qquad (2.2.5)$$

Pour références futures, nous définissons ici une nomenclature pour les dérivées par rapport aux positions au réseau, soit

$$F^{(\chi^1, \chi^2, \ldots, \chi^n)}(\vec{\rho}) \equiv \left.\frac{\partial^n F}{\partial \chi^1 \partial \chi^2 \ldots \partial \chi^n}\right|_{\vec{\rho}}, \qquad (2.2.6)$$

2.2. COMPOSANTES OPTIQUES

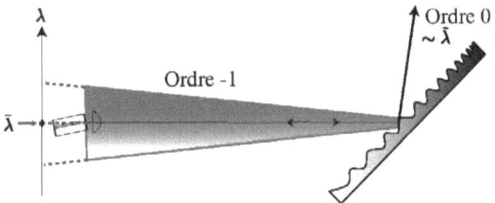

FIGURE 2.7 – Le réseau étale spatialement les longueurs d'onde présentes dans le spectre d'émission de la diode (zone conique). Seule la petite partie centrale retourne réellement dans la diode et extrait tout le gain de cette dernière en opération laser.

pour toute composante de $\vec{\rho}$ non strictement nulle.

Le réseau sera utilisé comme coupleur externe. L'ordre 0 produit sera recueilli pour les mesures et servira de faisceau de sortie utile, tandis que l'ordre -1 sera réinjecté dans la cavité. Selon notre configuration, cet ordre -1 sera rétropropagé vers la diode. Le pouvoir dispersif du réseau provoquera la sélection d'une portion très discriminante du spectre d'émission de la diode (voir fig. 2.7).

Nous considérerons que la longueur d'onde principalement retournée dans la diode à un angle d'impact donné β, qui sera fixé à 45° pour des considérations pratiques plus tard, respectera la loi des réseaux (éq. (1.1.1)). Pour la longueur d'onde retournée dans la diode, l'ordre considéré sera $m = -1$ (configuration de Littrow). La longueur d'onde principalement retournée nommée $\bar{\lambda}(x_0)$, fonction de la position d'impact au réseau, sera donnée par

$$\bar{\lambda}(x_0) = 2\Lambda(x_0)\sin\beta. \qquad (2.2.7)$$

Il est important de savoir qu'il ne s'agit alors que d'une approximation. Le faisceau retourné dans la diode comporte malgré tout un schéma spectral plus étendu et légèrement décentré, considérant un faisceau de format fini à l'interface du réseau [25]. En fait, la largeur du spectre effectivement retournée, appelée *sélectivité spectrale du réseau* ($\Delta\bar{\lambda}$), est plus petite lorsque le nombre de lignes du réseau éclairées augmente. En pratique, cela signifie qu'il est plus facile de syntoniser la longueur d'onde la plus près de $\bar{\lambda}$ si la largeur du faisceau dans le plan du réseau est

24 CHAPITRE 2. MÉTHODOLOGIE ET COMPOSANTES OPTIQUES

assez élevée. Cette considération sera importante lors de l'évaluation de la focale désirée au réseau à la section 3.6.2

La répartition des puissances dans les différents ordres peut être décrite par une analyse rigoureuse et vectorielle impliquant le profil local exact du réseau et les rayons incidents. Cette analyse ne s'applique que difficilement à la situation puisque la méthode de gravure holographique peut engendrer des résultats de profil plus ou moins constants. La réflectivité effective du réseau à la longueur d'onde d'utilisation sera donc mesurée expérimentalement à la section 4.7.

Finalement, l'effet focalisant du réseau holographique à période variable avec des lignes courbes à l'extérieur de l'axe de symétrie peut être retrouvé. En comparant la matrice ABCD d'un tel réseau à incidence oblique [24] pour l'ordre -1 dans les plans tangentiel et sagittal à une matrice équivalente de lentille,

$$\mathbf{M}_{rx} = \begin{bmatrix} 1 & 0 \\ -1/f_{rx}(x_0,\lambda) & 1 \end{bmatrix} = \begin{bmatrix} 1 & 0 \\ -\lambda N^{(xx)}(x_0)/\cos^2\beta & 1 \end{bmatrix}; \quad (2.2.8)$$

$$\mathbf{M}_{ry} = \begin{bmatrix} 1 & 0 \\ -1/f_{ry}(x_0,\lambda) & 1 \end{bmatrix} = \begin{bmatrix} 1 & 0 \\ -\lambda N^{(yy)}(x_0) & 1 \end{bmatrix}, \quad (2.2.9)$$

on obtient le pouvoir focalisant équivalent du réseau dans les deux axes orthogonaux principaux, en égalant les éléments C, soit

$$f_{rx}(x_0,\lambda) = \frac{\cos^2\beta}{\lambda N^{(xx)}(x_0)}; \quad (2.2.10)$$

$$f_{ry}(x_0,\lambda) = \frac{1}{\lambda N^{(yy)}(x_0)}. \quad (2.2.11)$$

Si on connaît l'équation de lignes du réseau, donnée par (2.2.4) dans le cas d'une gravure par holographie, on connaît donc la longueur focale du réseau. Les méthodes de déduction réelle des focales sont exposées à la section 4.7.2. L'équation décrivant $\mathbf{M}_r x$ est ici de signe inverse à la matrice du même nom dans la référence [24], dû à l'inversion de l'axe considéré dans l'analyse. La définition de la focale effective du réseau n'en est aucunement altérée.

Physiquement, l'effet focalisant tangentiel est causé par le gradient de la période, considérant un faisceau de grandeur finie. En effet, il est facile de s'imaginer que les rayons extrêmes du faisceau incident au réseau « n'observeront » pas la même période et repartiront selon un angle différent. La zone de moindre confusion, définie comme étant la zone où les différents rayons optiques sont maximalement

2.2. COMPOSANTES OPTIQUES

confondus, équivaut à la tache focale du réseau (voir fig. 2.8a). La distance entre cette zone et le réseau correspond à la focale effective.

L'effet focalisant sagittal, quant à lui, s'explique par la courbure des lignes de réseau. Le long de l'axe y, la période du réseau varie, créant également un pouvoir focalisant associable au taux de variation N^{yy} (voir fig. 2.8b). Cet effet n'est cependant pas affecté par l'angle d'incidence β au réseau puisque l'angle est imposé comme étant toujours droit dans ce plan. La proximité des lignes et leurs rayons de courbure respectifs permettent d'obtenir des longueurs focales du même ordre de grandeur dans les deux axes.

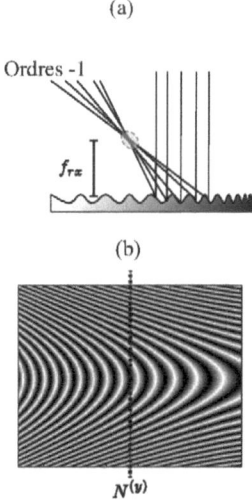

FIGURE 2.8 – Illustration de l'effet focalisant du réseau : a) Longueur focale tangentielle, b) taux de variation des lignes dans l'axe y créant un effet similaire.

L'effet de profondeur du réseau est négligeable par rapport à la variation de N le long de l'axe y en ce qui a trait à la longueur focale sagittale du réseau.

2.2.5 Montures et axes ajustables

Les montures doivent permettre un ajustement fin de la majorité des distances et angles dans la cavité. Puisque la syntonisation est très sensible à l'alignement et aux angles en jeu, une méthodologie très rigoureuse devra être observée lors de l'ajustement desdites composantes. La taille des montures sera critique considérant la compacité visée du montage global.

2.2.5.1 Réinjection

Pour une bonne réinjection sur toute la plage de translation du réseau, il est primordial de s'assurer que le faisceau en rétro-propagation ait le même profil que le faisceau incident. Pour ce faire, le faisceau doit se propager sur un axe bien défini par les pièces optiques en jeu. Cela implique un ajustement radial et angulaire de la diode par rapport à un montage externe fixe, ou vice-versa. Chaque pièce devra donc avoir un maximum de degrés de liberté indépendants des autres pièces.

2.2.5.2 Points d'attache pour ajustement de la longueur de cavité

Lors de la conception du montage de syntonisation, deux avenues se sont présentées en ce qui a trait aux points d'attache. La première implique un lien direct entre la monture fixe du réseau et celle de la diode alors que la deuxième sépare, sans recoupement, la distance réseau-lentille et la distance lentille-diode. En d'autres termes, l'une permet de modifier la position de la lentille par rapport à une cavité, elle même régie par une vis externe tandis que la deuxième déplace le réseau ou la diode par rapport à une lentille fixe.

La première option (voir fig. 2.9a) permet un découplage des distances impliquées dans les calculs, et donc un réajustement plus instinctif en laboratoire. Elle permet, entre autres, d'ajuster la longueur de cavité définitivement et de jouer avec le potentiel de réinjection en modifiant L_{da} sans affecter L_{ar}.

La deuxième option (voir fig. 2.9b) impose un ajustement de la longueur de cavité en deux temps. En effet, lors de l'ajustement de la réinjection, une distance équivalente doit être retranchée ou ajoutée à L_{ar} pour conserver une longueur égale. Dans les faits, le caractère nuisible de cette méthode ne se fait sentir que lors d'une

2.2. COMPOSANTES OPTIQUES

acquisition lorsque (c.à.d. lors d'une translation de la totalité de la surface utile du réseau), où L_{da} doit être ajustée très légèrement en temps réel. L'impact sur L reste cependant minime et peut être négligé. Une discussion quantitative de cet effet sera exposé dans la section 5.1.1.

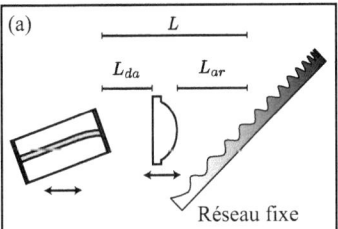 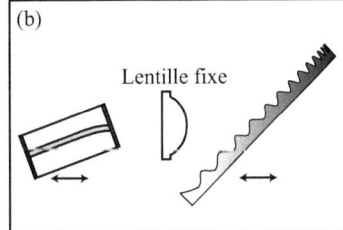

FIGURE 2.9 – Parties mobiles et impact sur les distances décrites mathématiquement. a) Option avec réseau fixe (le résultat est identique pour une diode laser fixe et un réseau mobile) ; b) Option avec une lentille fixe (ici, la longueur totale de la cavité résulte de la translation hybride des deux autres composantes). N.B. - Les flèches indiquent les mouvements des pièces.

Pour des raisons pratiques déduites par pur constat, le réajustement des angles entre la diode et la lentille se faisait plus aisément lorsque les montures contenant ces deux éléments étaient solidaires. Conséquemment, une table permettant la deuxième option fut retenue pour sa flexibilité angulaire. Il est important de noter ici qu'il ne s'agit que d'une considération pratique et fortement dépendante du matériel accessible. La nuance entre les possibilités n'est d'ailleurs aucunement conséquente sur le reste du projet, comme il en sera brièvement mention dans la section 6.4.

2.2.5.3 Vis motorisée

Une vis à micro-déplacement est nécessaire lors de la translation du réseau dans la cavité. Une grande précision est requise pour permettre une prise de données cohérente et fiable. Le critère de sélection ici résidait dans la longueur maximale de translation pour laquelle un saut de mode se perdrait dans l'incertitude d'un

28 CHAPITRE 2. MÉTHODOLOGIE ET COMPOSANTES OPTIQUES

incrément en longueur d'onde ($\Delta\lambda$) impliqué par cette même translation. Considérant les caractéristiques attendues, un saut de mode devrait se situer autour de 25 pm. Si on se réfère à un réseau utilisé sous des circonstances semblables, on peut s'attendre à une translation t de l'ordre de 4 µm pour obtenir une valeur de $\Delta\lambda$ de cet ordre. Considérant une vis motorisée Zaber, contrôlée par un module LabView, dont un micropas est de 0.1 µm, une distinction des sauts de modes devrait se retrouver facilement parmi l'évolution naturelle de la longueur d'onde possiblement accessible.

2.2.6 Valeurs utilisées dans les calculs

Pour les pièces dont les caractéristiques ont été énoncées, nous pourrons considérer comme constantes les valeurs en table 2.1 pour la suite de ce mémoire.

Élément	Donnée	Symbole	Valeur
Diode	Indice de réfraction	n_d	3.4
	Longueur du parcours interne	L_d	1 mm
	Réflectivité de la face AR	$\mathcal{R}_{AR}$	0.001%
	Réflectivité de la face HR	$\mathcal{R}_{HR}$	95%
	Longueur d'onde de référence	λ_{ref}	1540 nm
	Taille du faisceau gaussien en x au plan de sortie	w_{0x}	1.58 µm
	Taille du faisceau gaussien en y au plan de sortie	w_{0y}	0.92 µm
Lentille asphérique	Épaisseur	L_a	2.94 mm
	Indice de réfraction	n_a	1.58
	Focale effective	f_a	4.51 mm
	Distance de travail	f'_a	2.91 mm

TABLE 2.1 – Valeurs utilisées dans les calculs

Chapitre 3

Modèle théorique de syntonisation

C'est dans cette portion du projet que nous quantifierons la période du réseau à fabriquer. Nous pourrons simuler notre cavité sous différentes conditions et en déduire les requis et les limites.

3.1 Translation du réseau

L'évolution de la cavité passe entièrement par la translation du réseau. C'est cet unique mouvement qui gère l'évolution de la longueur d'onde principalement retournée dans la diode ainsi que la longueur totale de la cavité étendue. Nous définissons donc le déplacement de la vis motorisée dt, distinct du déplacement du point d'impact du faisceau au réseau. Cependant, les contraintes de ce déplacement et son influence ne seront pas directement discutées. En effet, la position de la vis de déplacement n'est que très peu conséquente contrairement à la position du point d'impact x_0 au réseau. Nous ne retrouverons donc dt que dans un contexte d'acquisition comme étant l'incrément de translation utilisé et n'ayant comme conséquence que l'évolution graduelle de la longueur d'onde retournée par le réseau.

Les différentes distances impliquées lors de la translation peuvent être reliées. À des fins pratiques, seul le point d'impact au réseau x_0 sera considéré dans les équations puisqu'il s'agit du paramètre physique le plus directement relié à tous les phénomènes étudiés. La période du réseau est explicitement fonction de ce point d'impact et la translation du réseau l'affecte directement.

La longueur totale de la cavité $L(x_0)$ (voir fig. 3.1) peut être exprimée comme

$$L(x_0) = n_d L_d + L_{da} + n_a L_a + L_{ar}(x_0). \qquad (3.1.1)$$

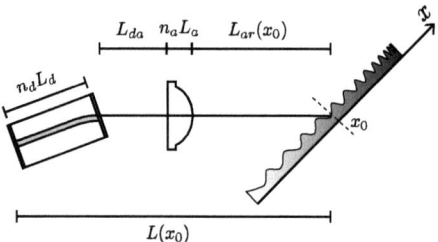

FIGURE 3.1 – Définitions des différentes longueurs dans la cavité étendue.

La dépendance sur x_0 passe entièrement par la distance entre la lentille et le réseau puisque seul le réseau est mobile lors de la translation. Conséquemment, il est instinctif de se définir une quantité fixe lors de la syntonisation,

$$L_{ref} = n_d L_d + L_{da} + n_a L_a + L_{ar}(0), \qquad (3.1.2)$$

définie comme la longueur de cavité à la position de référence $x_0 = 0$ et ajustable par le biais de L_{da} et de $L_{ar}(0)$. Pendant la translation, la longueur de la cavité sera conséquemment modifiée de

$$\Delta L(x_0) = x_0 \frac{\sin(\beta - \theta)}{\cos \theta}, \qquad (3.1.3)$$

avec les angles définis à la section 2.2.1.

Pour associer une translation de dt (puisque la translation se fera systématiquement par incréments et non de façon continue) à un incrément de position d'impact dx_0, il suffit de suivre la relation

$$dx_0 = -dt \frac{\cos \theta}{\cos \beta}. \qquad (3.1.4)$$

Le signe négatif indique que, considérant la direction des axes de la figure 2.2, x_0 évolue dans le sens positif lorsque l'on « tire » sur le réseau (dt négatif).

3.2 Condition de phase

Pour que l'évolution de la longueur d'onde syntonisée reste stable, il est primordial de respecter ce que l'on appelle la condition de phase, tout au long de la translation. Cette condition implique que, avec l'évolution des lignes du réseau, le déphasage accumulé reste constant pour un mode donné.

La condition de phase (constance du déphasage sur un aller-retour), impose que

$$2\pi \left[N(x_0) - \frac{2L(x_0)}{\lambda_{lf}(x_0)} \right] + \pi = \text{constante}. \quad (3.2.1)$$

On introduit ici λ_{lf} comme étant la longueur d'onde syntonisée de solution modale (l) et favorisée par le réseau (f). Le premier terme représente l'évolution des lignes de réseau. Le comptage des lignes s'avère très important dans l'évolution de la phase. Le deuxième terme représente l'évolution directe de la phase dans un aller-retour dans la cavité. Le déphasage supplémentaire de π représente la phase de Gouy [6,26] (puisque la ceinture du faisceau est située dans la cavité) et sa variation lente autour de cette valeur peut être négligée dans les calculs. Cette condition est donc respectée lorsque

$$\frac{d}{dx_0} \left(N(x_0) - \frac{2L(x_0)}{\lambda_{lf}(x_0)} \right) = 0. \quad (3.2.2)$$

3.3 Équation de la période idéale

Avec les conditions édictées précédemment, on peut retrouver la période solution le long de l'axe pour le réseau. Cette période solution sera fonction des angles choisis et de la position axiale du point de contact sur le réseau. La solution reste donc limitée à une dimension pour $y = 0$, la dimension transverse du réseau n'étant influente que pour des considérations de réinjection.

Sachant que la période idéale sera celle pour laquelle

$$\lambda_{lf}(x_0) = \bar{\lambda}(x_0), \quad (3.3.1)$$

nous retrouvons, par (3.2.2),

$$\frac{d}{dx_0} \left(N(x_0) - \frac{2L(x_0)}{\bar{\lambda}(x_0)} \right) = 0. \quad (3.3.2)$$

Nous pouvons relier l'expression de la longueur d'onde favorisée à la fonction de lignes par (2.2.7) modifiée comme,

$$\bar{\lambda}(x_0) = \frac{2\sin\beta}{N^{(x)}(x_0)}, \qquad (3.3.3)$$

puisque la période du réseau $\Lambda(x_0)$ peut être décrite par l'inverse du taux de variation des lignes le composant (toujours sur l'axe x). Avec la définition de la longueur de cavité $L(x_0)$ donnée de (3.1.1) à (3.1.3), la dérivée en (3.3.2) peut être évaluée pour obtenir

$$N^{(x)}(x_0) = \frac{L(x_0)}{\cos\beta\tan\theta} N^{(xx)}(x_0), \qquad (3.3.4)$$

équation différentielle pouvant être résolue par comparaison indirecte avec une forme connue,

$$N^{(x)}(x_0) = (ax_0 + b)N^{(xx)}(x_0). \qquad (3.3.5)$$

La résolution permet d'obtenir la fonction de ligne solution

$$N^{(x)}(x_0) = \Lambda_{ref}^{-1}\left[1 + \frac{x_0\sin(\beta-\theta)}{L_{ref}\cos\theta}\right]^{\frac{\sin\theta\cos\beta}{\sin(\beta-\theta)}}. \qquad (3.3.6)$$

Considérant la relation entre la fonction de ligne et la période du réseau, on a finalement la période solution

$$\Lambda_{sol}(x_0) = \Lambda_{ref}\left[1 + \frac{x_0\sin(\beta-\theta)}{L_{ref}\cos\theta}\right]^{-\frac{\sin\theta\cos\beta}{\sin(\beta-\theta)}}. \qquad (3.3.7)$$

Le développement de la solution est explicité en Annexe A.

3.4 Absence de sauts de modes

Dans les simulations, on considérera que le mode syntonisé sera celui le plus rapproché de la longueur d'onde principalement retournée. Le mode laser sera sélectionné parmi le peigne défini par la configuration active donnée. En d'autres termes, un écart de $\Delta\lambda_m/2$ par rapport à l'évolution recherchée de la longueur d'onde, où $\Delta\lambda_m$ représente l'écart modal, impliquera un saut de mode dans notre modèle théorique. La figure 3.2 représente les différentes possibilités lors de l'évolution de la longueur d'onde dans la cavité.

3.4. ABSENCE DE SAUTS DE MODES

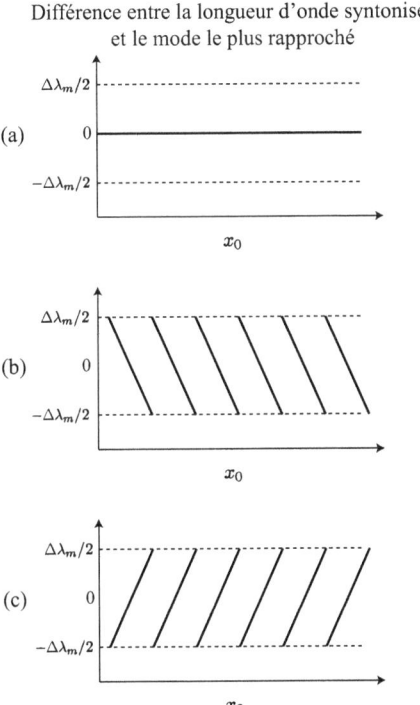

FIGURE 3.2 – Évolution de la longueur d'onde par rapport au mode le plus près, en fonction de la position d'impact au réseau. (a) Une évolution synchronisée de la longueur d'onde réinjectée et du mode choisi permet une évolution sans saut de mode. On observe un saut de mode lorsque l'évolution de la longueur d'onde réinjectée par rapport au mode est (b) trop lente ou (c) trop rapide.

34   CHAPITRE 3. MODÈLE THÉORIQUE DE SYNTONISATION

Dans les faits, nous verrons que la dynamique complexe en milieu de gain et la non-symétrie du seuil impliquera des sauts au comportement plus erratique. Pris dans un contexte plus large, le rythme global des sauts lors d'une translation restera semblable, peu importe la direction de translation et peu importe le critère de saut sélectionné théoriquement.

Pour un réseau dont la période est exactement celle correspondant à la solution donnée dans la section précédente, aucun saut de mode n'adviendrait (cas de la fig. 3.2a). La méthode de simulation de la longueur d'onde syntonisée correspond donc à une situation non-idéale et sert à prévoir une cavité réelle.

Considérons un réseau de période connue $\Lambda(x_0)$. Comme discuté précédemment, nous considérerons en bonne approximation que le réseau renvoie à la diode, de façon très sélective, la longueur d'onde $\bar{\lambda}(x_0)$ selon la loi des réseaux en configuration Littrow ($\theta_{-1} = -\theta_i$),

$$\bar{\lambda}(x_0) = 2\Lambda(x_0)\sin\beta. \tag{3.4.1}$$

Au point de référence ($x = 0$), le mode syntonisé dans la cavité sera celui le plus rapproché de la longueur d'onde $\bar{\lambda}_{ref}$, principalement renvoyée en ce même point. Ainsi,

$$l_{fref} = \lfloor 0.5 - \frac{2L_{ref}}{\bar{\lambda}_{ref}} \rceil, \tag{3.4.2}$$

où $\lfloor ... \rceil$ signifie '« l'entier le plus près ». Il s'agit de la définition même d'un mode laser, soit l'entier faisant respecter une condition d'interférence constructive dans la cavité (ici, celui le plus rapproché de la longueur d'onde favorisée). Lors de la syntonisation et des simulations, il sera toujours considéré que la solution au point de référence est exacte. En d'autres termes, les simulations cherchent à analyser les résultats d'une translation sur une configuration de départ idéale. Il sera donc judicieux d'obtenir une longueur de référence exacte (ajustée par rapport à L_{ref}) L'_{ref} de moins d'une demi-longueur d'onde) lors des simulations. En laboratoire, cela se traduit par une variation de moins d'un nanomètre de la plage de longueur d'onde syntonisable en continue en cavité optimisée. On a donc

$$L'_{ref} = (0.5 - l_{fref})\frac{\bar{\lambda}_{ref}}{2}. \tag{3.4.3}$$

Lors de la translation, la longueur de la cavité variera comme $\Delta L(x_0)$, soit

$$L(x_0) = L'_{ref} + x_0 \frac{\sin(\beta - \theta)}{\cos\theta}. \tag{3.4.4}$$

3.5. CONSIDÉRATIONS DE RÉINJECTION DANS LA DIODE 35

L'évolution de l'entier l_f est alors donnée par l'évolution simultanée de la longueur, tout en considérant la succession des lignes de réseau pendant la translation [25],

$$l_f(x_0) = \lfloor N(x_0) - \frac{2L(x_0)}{\bar{\lambda}(x_0) + 0.5} \rceil. \tag{3.4.5}$$

La longueur d'onde syntonisée étant forcément une solution exacte à la condition de phase, on retrouve la longueur d'onde solution favorisée, pour l'entier l_f précédemment déterminé

$$\lambda_{lf}(x_0) = \frac{2L(x_0)}{N(x_0) + 0.5 - l_f(x_0)}. \tag{3.4.6}$$

C'est avec cette longueur d'onde que sont faites les simulations. Il a été observé qu'un saut de mode supérieur à $\Delta l = \pm 1$ était possible, mais la fréquence pondérée des sauts reste la même.

3.5 Considérations de réinjection dans la diode

L'analyse matricielle de la cavité permet d'obtenir le coefficient de réinjection dans la diode selon les différentes variables accessibles en jeu. C'est en quelque sorte la courbure des lignes de réseau qui impose une focale dans le plan sagittal. Dans le plan d'analyse (tangentiel), c'est le gradient de lignes sur l'axe qui impose une focale. La courbure hors axe, modifiant très légèrement la période du réseau hors axe pour un x donné, n'influence cependant pas substantiellement la longueur d'onde principalement retournée puisque la puissance du faisceau décroît rapidement en s'éloignant de l'axe d'impact.

La réinjection dans la diode correspond à la proportion du faisceau rétropropageant (ordre -1, après réflexion sur le réseau), qui retourne dans l'ouverture de la diode. En d'autres termes, il s'agit d'une valeur représentant la similitude entre le faisceau sortant et entrant à la surface de la diode.

Si on suppose un plan xy situé à la surface de la diode (d), le faisceau sortant (E_{sd}) et le faisceau rétropropageant (E_{-1d}) seront identiques, permettant un guidage dans la diode du faisceau -1, selon une proportion en puissance de

$$\eta_{inj} = \frac{\left| \int \int_\infty^\infty E_{sd}(x,y) E_{-1d}^*(x,y) dx dy \right|^2}{\int \int_\infty^\infty |E_{sd}(x,y)|^2 dx dy \int \int_\infty^\infty |E_{-1d}(x,y)|^2 dx dy}. \tag{3.5.1}$$

36 CHAPITRE 3. MODÈLE THÉORIQUE DE SYNTONISATION

Avec le formalisme matriciel développé dans les travaux précédents [25], cette même réinjection peut être réexprimée comme

$$\eta_{inj} = \eta_{injx} \times \eta_{injy}, \qquad (3.5.2)$$

avec

$$\eta_{inj\alpha} = 2 \left[\frac{A_\alpha^2 + B_\alpha^2/z_{R\alpha}^2}{(A_\alpha C_\alpha + B_\alpha D_\alpha/z_{R\alpha}^2)^2 z_{R\alpha}^2 + (1 + A_{\alpha+B_\alpha^2/z_{R\alpha}^2}^2)^2} \right]^{\frac{1}{2}}, \qquad (3.5.3)$$

où les éléments matriciels correspondent à un aller-retour du faisceau depuis la sortie de la diode laser, c'est-à-dire sans inclure la partie guidée dans le semi-conducteur. L'indice α représente l'un ou l'autre des axes primaires du réseau (x ou y). La zone de Rayleigh peut se déduire de la taille du faisceau à la sortie de la diode laser.

Les éléments d'un aller-retour dans la cavité extérieure peuvent être exprimés comme

$$A_\alpha(x_0, \lambda) = A_i(x_0)D_i(x_0) + B_i(x_0)C_i(x_0) - \frac{A_i(x_0)B_i(x_0)}{f_{r\alpha}(x_0, \lambda)}, \qquad (3.5.4)$$

$$B_\alpha(x_0, \lambda) = 2B_i(x_0)D_i(x_0) - \frac{B_i^2(x_0)}{f_{r\alpha}(x_0, \lambda)}, \qquad (3.5.5)$$

$$C_\alpha(x_0, \lambda) = 2A_i(x_0)C_i(x_0) - \frac{A_i^2(x_0)}{f_{r\alpha}(x_0, \lambda)}, \qquad (3.5.6)$$

$$D_\alpha(x_0, \lambda) = A_i(x_0)D_i(x_0) + B_i(x_0)C_i(x_0) - \frac{A_i(x_0)B_i(x_0)}{f_{r\alpha}(x_0, \lambda)}, \qquad (3.5.7)$$

où les éléments simples X_i représentent les matrices d'un aller simple en cavité externe (i représente le faisceau incident).

Si on considère notre cavité réelle, on peut retrouver exactement les dépendances en x_0 de la matrice ABCD$_i$. Procédons par étapes.

Du plan de sortie de la diode laser à la lentille, la matrice est indépendante de la translation. Selon le montage décrit, seule la mesure L_{da} est accessible et régit directement la propagation libre du faisceau sur cette portion. On a donc

$$M_{da} = \begin{bmatrix} 1 & L_{da} \\ 0 & 1 \end{bmatrix}. \qquad (3.5.8)$$

3.6. CAVITÉ LASER ÉTENDUE ENVISAGÉE

La lentille asphérique peut alors être représentée par une matrice équivalente de focale f_a ou encore comme une lentille épaisse, de rayons de courbure R_1 et R_2, d'indice de réfraction n_a et d'épaisseur L_a. Pour les considérations de longueur de cavité, la deuxième option était évidemment retenue, mais dans le cas des considérations de réinjection, la longueur focale effective sera privilégiée. La seconde matrice est donc

$$M_a = \begin{bmatrix} 1 & 0 \\ -1/f_a & 1 \end{bmatrix}. \tag{3.5.9}$$

Finalement, la matrice représentant le chemin optique du faisceau entre la sortie de la lentille et le réseau dépend de la translation du réseau (donc du point d'impact x_0), tel que

$$M_{ar}(x_0) = \begin{bmatrix} 1 & L_{ar}(x_0) \\ 0 & 1 \end{bmatrix}. \tag{3.5.10}$$

Si on réexprime cette dernière matrice selon les paramètres qu'il est possible de déduire directement en laboratoire, on a

$$M_{ar}(x_0) = \begin{bmatrix} 1 & L_{ref} + \frac{x_0 \sin(\beta-\theta)}{\cos\theta} - n_d L_d - L_{da} - n_a L_a \\ 0 & 1 \end{bmatrix}. \tag{3.5.11}$$

La matrice totale externe (excluant donc la diode laser), est donc

$$M_{ext} = M_{ar}(x_0) M_a M_{da}, \tag{3.5.12}$$
$$= \begin{bmatrix} A_i & B_i \\ C_i & D_i \end{bmatrix}, \tag{3.5.13}$$

avec

$$A_i = 1 - L_{ar}(x_0)/f_a; \tag{3.5.14}$$
$$B_i = L_{da}(1 - L_{ar}(x_0)/f_a) + L_{ar}(x_0); \tag{3.5.15}$$
$$C_i = -1/f_a; \tag{3.5.16}$$
$$D_i = -L_{da}(x_0)/f_a + 1. \tag{3.5.17}$$

Ce sont ces éléments qui peuvent ensuite être intégrés dans les équations (3.5.4) à (3.5.7) pour déduire la fraction de réinjection définie par (3.5.3).

3.6 Cavité laser étendue envisagée

Comme dit précédemment, nous devons fixer certaines limites de paramètres lors de la conception de notre cavité. Certaines considérations mathématiques, expérimentales et même économiques devront être mises en place pour permettre de ceinturer le problème et l'insérer dans un algorithme d'optimisation. Une optimisation des paramètres d'écriture du réseau à période variable est également développée.

3.6.1 Limites physiques

Même lors des simulations, il est important de garder en tête le montage final. L'algorithme d'optimisation sera donc borné afin de respecter une logique dans la conception.

La cavité envisagée ne pourra pas être plus courte que 3 cm, considérant l'encombrement des montures et des pièces optiques nécessaires au montage. Cette valeur n'est pas rigoureusement évaluée, mais peut être déduite par observation du schéma de montage et des tailles impliquées. La longueur maximale de la cavité est une donnée moins critique puisqu'une cavité de plusieurs mètres resterait réalisable. Cependant, une cavité courte permet un espacement spectral plus élevé, selon

$$\Delta\lambda \approx \frac{\lambda^2}{2L}. \tag{3.6.1}$$

Autour de la longueur d'onde d'opération optimale de la diode ($\lambda_{ref} = 1540$ nm), cet écart est inférieur à 10 pm à partir d'une cavité longue de 11.858 cm. Conséquemment, pour éviter de complexifier la détection d'un saut de mode, on impose une limite supérieure de 10 cm à la longueur de cavité. La longueur discutée est bien entendu la longueur L_{ref}, définie comme étant la longueur totale de la cavité au point d'impact de référence au réseau.

L'angle d'impact au réseau, quant à lui, doit limiter l'existence des ordres supérieurs à un ordre -1 présent et unique. Premièrement, l'analyse est limitée aux angles d'impact entre 0 et 90 °, puisque les angles d'impact de 90 à 180 ° correspondent à une configuration identique dans laquelle le gradient du réseau serait inversé (impliquant donc une focale négative du réseau). L'équation des réseaux pour tout ordre m s'énonce comme

$$\Lambda(\sin\theta_m - \sin\beta) = m\lambda. \tag{3.6.2}$$

Dans la situation présente, θ_m représente l'angle de retour du faisceau dans l'ordre m par rapport à la normale du réseau. β représente l'angle d'incidence. λ représente

3.6. CAVITÉ LASER ÉTENDUE ENVISAGÉE

la longueur d'onde impliquée et Λ la période du réseau. Dans la configuration envisagée, on sait que la rétropropagation de l'ordre -1 impose que le rapport

$$\frac{\lambda}{\Lambda} = 2\sin\beta, \tag{3.6.3}$$

soit constant pour un angle d'incidence β donné. Ce résultat se déduit de l'expression (3.6.2), en fixant $\theta_{-1} = -\beta$. Le signe négatif signifie que les deux faisceaux sont du même côté de la normale à l'interface. Pour connaître les limites imposables à β pour éviter la présence des ordres 1 et -2 (et conséquemment de tous les ordres supérieurs), il suffit d'effectuer un remplacement simple dans (3.6.2). Ainsi,

$$\sin\theta_1 = \sin\beta + \frac{\lambda}{\Lambda};$$
$$= 3\sin\beta; \tag{3.6.4}$$
$$\sin\theta_{-2} = \sin\beta - 2\frac{\lambda}{\Lambda};$$
$$= -3\sin\beta. \tag{3.6.5}$$

Dans les circonstances, on constate que les ordres nuisibles disparaissent en même temps, à partir d'un angle β égal à 19.47°. En effet, pour une valeur de $\beta < 19.47°$, l'ordre -1 est rétropropageant, l'ordre 0 est réfléchi convenablement, mais les ordres -2 et 1 existent de part et d'autre des ordres d'intérêt. Il n'existe cependant aucune limite maximale à cet angle, puisque aucun ordre ne peut exister entre l'ordre 0 et -1. En pratique, une limite est fixée telle que $25° < \beta < 85°$. La limite inférieure a été augmentée puisque la condition de rétropropagation n'est effective que pour la longueur d'onde principalement retournée, laissant la possibilité de l'existence d'un ordre supérieur pour une autre portion du spectre incident. La limite supérieure a également été abaissée pour des fins pratiques afin d'éviter une incidence presque rasante et des valeurs requises de Λ trop extrêmes. L'angle de translation, quant à lui, dépendra de l'angle d'incidence choisi et en sera totalement dépendant.

3.6.2 Valeurs utilisées pour la conception

Considérant la période idéale telle que vue au chapitre précédent, nous aurons besoin des paramètres suivants, choisis de telle sorte que notre cavité respectera les limites édictées. Pour des considérations théoriques, pratiques ou même économiques, certaines caractéristiques seront fixées sans effectuer d'optimisation totale. Les limites imposables restent cependant intéressantes pour une éventuelle optimisation dont il sera question dans un chapitre subséquent.

La longueur de la cavité sera fixée à 5 cm, ce qui permet un écartement spectral intéressant, tout en conservant une manoeuvrabilité dans la cavité.

L'angle d'incidence β sera fixé à 45 ° pour obtenir une réflexion droite au réseau, permettant un alignement plus facile en laboratoire. Cet angle respecte la condition d'existence et d'unicité de l'ordre -1. Avec

$$\Lambda_{ref} = \frac{\lambda_{ref}}{2\sin\beta}, \qquad (3.6.6)$$

l'utilisation à $\lambda_{ref} \approx \lambda_{opt} = 1540$ nm (où λ_{opt} est la longueur d'onde optimale proposée d'utilisation en opération laser de la diode COVEGA utilisée) impose une période de référence de Λ_{ref} =1089 nm.

L'angle de translation, quant à lui, est dépendant de l'angle d'incidence, de la longueur de cavité et de la longueur focale effective du réseau, puisque

$$\tan\theta = \frac{L_{ref}}{2f_{r\,ref}\tan\beta}. \qquad (3.6.7)$$

Pour une bonne réinjection, la focale dans les deux axes doit être égale, ce qui impose une condition supplémentaire lors de l'écriture. Puisque, géométriquement et en considérant l'auto-imagerie, la longueur focale effective du réseau doit être égale à la moitié de la distance entre le réseau et l'image du plan d'entrée de la diode. On doit donc avoir

$$f_{r\alpha} = \frac{1}{2}\left[L - L_{da} - n_d L_d + \left(\frac{1}{L_{da}} - \frac{1}{f_a}\right)^{-1}\right]. \qquad (3.6.8)$$

On observe donc que la seule valeur totalement indépendante à ce stade est la distance L_{da}, qui ne représente en fait que l'endroit où est située la lentille dans une cavité fixe de longueur L. Afin que le réseau soit assimilé à un miroir convergent de focale f_{rx} positive, L_{da} doit forcément être inférieure à f_a. La limite de cette condition impose une focale $f_{rx} = \infty$, apparentée à un miroir plan. Si on diminue davantage la distance L_{da}, on arrive à une autre limite physique où il y a contact entre la lentille et la diode. Cette limite est atteinte lorsque $L_{da} = f_a = f'_a$, où f'_a est la distance de travail de la lentille. Selon les données du fabricant, cette limite inférieure est donc de 1,6 mm. Cette nouvelle limite implique une focale minimale au réseau de $f_{r\alpha} > 23,7$ mm, faute de quoi le faisceau retourné dans le diode ne pourra jamais être focalisé à sa surface. Le caractère gaussien du faisceau n'influence que très peu ces dernières considérations considérant que les distances impliquées sont plus grandes que la zone de Rayleigh. Pour pouvoir éclairer un

3.6. CAVITÉ LASER ÉTENDUE ENVISAGÉE

plus grand nombre de lignes de réseau et donc augmenter la sélectivité spectrale de ce dernier, une focale assez petite sera préférée. Dans nos laboratoires, une configuration de focale prédéterminée f_{rxref}=77.5 mm a été retenue, suggérant un angle $\theta = 17.9$ ° par l'éq. (3.6.7).

Les valeurs proposées sont ensuite insérées dans l'équation (3.3.7) pour obtenir la période solution à viser

$$\Lambda_{sol} = 1.089 \times 10^{-6} \left(1 + 9.574 x_0\right)^{-0.4771} \quad [\text{m}] \tag{3.6.9}$$

Chapitre 4

Conception du réseau

Notre groupe de recherche a développé une technique de fabrication de réseaux par holographie supportée par un algorithme d'optimisation des paramètres d'écriture. La technique est ici exposée dans le cadre de la conception du réseau qui nous intéresse.

4.1 Modélisation de l'étape d'exposition

L'idée principale est de créer une figure d'interférence précise à l'aide de deux faisceaux cohérents. Le modèle se résume par deux sources ponctuelles situées sur un axe à angles définis dans l'espace par rapport à la surface du réseau. Cette méthode simple permet d'obtenir des franges dont l'écart varie axialement. De plus, la différence de trajet au-dessous et au-dessus de l'axe principal par les deux ondes en jeu permet d'obtenir une certaine courbure transverse induisant un pouvoir focalisant en y. La superposition de deux faisceaux provenant de sources ponctuelles peut donc créer une figure d'interférence graduelle et courbée, dans un plan donné (voir fig. 4.1).

On introduit l'espace d'écriture du modèle des sources ponctuelles, d'axes x_s, y_s et z_s, tel que les sources soient situées sur l'axe x_s, à égales distances de la référence $x_s = 0$. L'axe y_s représente une hauteur qui peut être associée à la direction transverse sur le réseau. L'axe z_s, finalement, représente une autre distance entre

CHAPITRE 4. CONCEPTION DU RÉSEAU

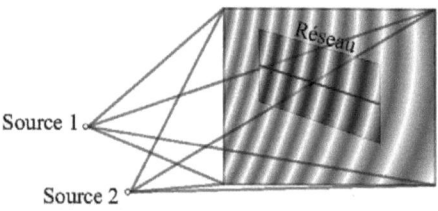

FIGURE 4.1 – L'interférence de deux sources ponctuelles sur un plan à angle. Les lignes sont agrandies et grandement espacées par rapport aux dimensions typiquement rencontrées.

la source et le plan d'écriture éventuel. Le système d'axe est représenté à la figure 4.2. Les sources sont situées aux deux positions

$$\vec{r}_{s1} = (d_s/2, 0, 0), \qquad (4.1.1)$$
$$\vec{r}_{s2} = (-d_s/2, 0, 0). \qquad (4.1.2)$$

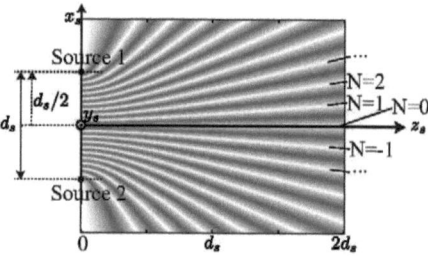

FIGURE 4.2 – Schéma d'interférence dans le plan (x_s, z_s).

Si on place une surface dans l'espace, perpendiculairement au plan (x_s, z_s), on peut analyser les lignes d'interférence sur ladite surface et, plus pertinemment dans la situation présente, l'évolution des lignes sur l'axe pour lequel $y_s = 0$.

4.1. MODÉLISATION DE L'ÉTAPE D'EXPOSITION

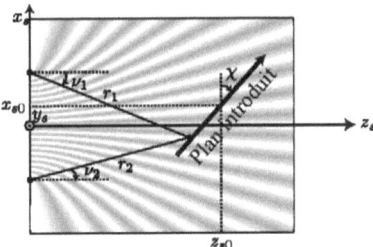

FIGURE 4.3 – Une surface peut être introduite dans le schéma d'interférence pour créer un réseau à période variable et à lignes courbes. Le schéma est dans le plan $y = 0$.

Le numéro de la ligne éclairée peut donc être représenté par

$$N = \frac{r_1 - r_2}{\lambda_e} - N_0, \qquad (4.1.3)$$

où les distances r_1 et r_2 correspondent aux distances respectives d'un point P sur la surface du réseau aux sources 1 et 2 du montage d'écriture. N_0 représente simplement une correction arbitraire permettant d'imposer un numéro de ligne $N = 0$ au point de référence x_{ref} au réseau. Les distances sont donc

$$r_1 = \sqrt{(x_s - d_s/2)^2 + z_s^2}, \qquad (4.1.4)$$
$$r_2 = \sqrt{(x_s + d_s/2)^2 + z_s^2}. \qquad (4.1.5)$$

Les angles ν sont, quant à eux, donnés par

$$\nu_1 = \arcsin\left(\frac{x_s - d_s/2}{r_1}\right) = \arctan\left(\frac{x_s - d_s/2}{z_s}\right) \qquad (4.1.6)$$
$$\nu_2 = \arcsin\left(\frac{x_s + d_s/2}{r_1}\right) = \arctan\left(\frac{x_s + d_s/2}{z_s}\right). \qquad (4.1.7)$$

On voit que, si on se déplace le long d'un éventuel réseau sur l'axe x, placé à angle χ par rapport au système d'axes x_s, z_s comme montré dans la figure 4.3, on obtient des coordonnées

$$x_s(x) = x_{s0} + x \cos \chi, \qquad (4.1.8)$$
$$z_s(x) = z_{s0} + x \sin \chi, \qquad (4.1.9)$$

en considérant que les coordonnées $x = 0, y = 0$ coïncident avec le point x_{s0}, z_{s0}. L'évolution des lignes le long de cet axe x permet donc de déduire la période théorique pour une configuration d'écriture caractérisée par les facteurs d_s, x_{s0}, z_{s0} et χ. La dépendance sagittale (en y) n'est pas influente dans le calcul de la période théorique du réseau, mais le sera dans l'analyse de la focale du réseau.

Mathématiquement, la période du réseau dans ces circonstances est

$$\Lambda_{th}(x) = \left(N^{(x)}(x)\right)^{-1}. \tag{4.1.10}$$

La mise en commun des équations (4.1.3) à (4.1.10) permet donc de trouver

$$\Lambda_{th}(x) = \frac{\lambda_e}{\sin(\nu_2(x) + \chi) - \sin(\nu_1(x) + \chi)}, \tag{4.1.11}$$

où $\nu_1(x)$ et $\nu_2(x)$ sont les versions explicitement dépendantes de x des angles ν_1 et ν_2 :

$$\nu_1(x) = \arctan\left(\frac{x_{s0} + x\cos\chi - d_s/2}{z_{s0} + x\sin\chi}\right) \tag{4.1.12}$$

et

$$\nu_2(x) = \arctan\left(\frac{x_{s0} + x\cos\chi + d_s/2}{z_{s0} + x\sin\chi}\right). \tag{4.1.13}$$

4.2 Optimisation des paramètres d'écriture

Lors de l'optimisation, le mandat est de faire tendre la période théorique du réseau (la période attendue après exposition selon un modèle donné) vers la période solution (la période permettant une syntonisation continue dans la configuration de cavité étendue prévue). En plus des considérations de syntonisation, la réinjection dans la diode devra être considérée. Les réseaux utilisés réellement en laboratoire ont été conçus en considérant une réinjection parfaite à la position de référence au réseau en considérant son effet focalisant intrinsèque. L'analyse de la réinjection sur tout l'axe est analysé à posteriori. La possibilité d'un balancement plus équitable des capacités de réinjection et de syntonisation d'un réseau est discutée dans le dernier chapitre de ce mémoire.

4.2. OPTIMISATION DES PARAMÈTRES D'ÉCRITURE

L'optimisation se base sur la minimisation de la différence entre les périodes solution et théorique, itérativement sommée sur différents points de l'axe principal du réseau. L'optimisation se base sur un algorithme du simplexe avec bornes. On se définit un ensemble de positions discrétisées x_k, tel que

$$x_k = \text{-}0.035 + 0.001k;$$
$$k \in \{1, 2, ..., 71\},$$

le réseau étant défini sur ~ 7 cm avec $x = 0$ m situé au centre. Les distances sont ici en mètres.

L'algorithme du simplexe borné permet de trouver un minimum à une fonction, ici définie comme étant la somme des différences carrées des périodes impliquées. On minimise donc la fonction

$$RSS = \sum_k \left[\Lambda_{th}(x_k) - \Lambda_{sol}(x_k)\right]^2. \tag{4.2.1}$$

La fonction $\Lambda_{sol}(x_k)$ est définie en tout point selon les paramètres de cavité finale recherchée et est donnée en (3.6.9). La fonction $\Lambda_{th}(x_k)$ est définie en 4.1.11. Les paramètres libres sont donc x_{s0}, z_{s0}, χ et d_s. Une de ces variables est cependant fixée lors de l'optimisation en imposant $f_{rx} = f_{ry}$. L'optimisation est également bornée pour éviter un montage d'écriture irréalisable. Les distances dans l'écriture sont limitées à 2 m et l'angle χ doit permettre d'éviter une incidence trop rasante.

L'optimisation permet d'obtenir des paramètres d'écriture tels que

$$x_{s0} = \text{-}0.81461 \quad [\text{m}]; \tag{4.2.2}$$
$$z_{s0} = 0.184116 \quad [\text{m}]; \tag{4.2.3}$$
$$ds = 1.09601 \quad [\text{m}]; \tag{4.2.4}$$
$$\chi = 94.2778 \quad [°]. \tag{4.2.5}$$

Le laser utilisé lors de l'écriture est un laser à ions d'argon *Spectra-Physics* (modèle 2020-05) d'une longueur d'onde de $\lambda_e = 457.935$ nm. C'est donc cette valeur qui a été fixée lors de l'optimisation.

4.3 Dépôt de la résine photosensible

Nous déposons de la résine photosensible sur un substrat pour permettre l'impression de la figure d'interférence. La résine se doit d'être adaptée au laser d'écriture utilisé, tel que mentionné lors de la sélection des matériaux. Le dépôt se réalise en salle blanche.

Un substrat de verre ($n = 1.5$) de 7.6 cm par 5.1 cm est utilisé. Bien qu'une surface de moins d'un centimètre sagittalement par moins de 4 centimètres transversalement ne soit utilisée lors de la syntonisation, le processus de dépôt de résine est beaucoup moins délicat avec une surface plus étendue. Par centrifugation, une mince couche de *MCC primer 80/20* est étendue sur la surface de verre afin d'aider à l'adhérence de la résine photosensible sur la lame (à 3000 RPM pendant 30 s). De la même façon, une couche de photorésine *Shipley S1813* est déposée pendant une minute. C'est par l'expertise de notre groupe de recherche que les temps et vitesses de centrifugation optimaux ont été trouvés. La lamelle enduite de résine est ensuite placée dans un four à 120 °F pendant 5 minutes afin d'assécher sa surface. La qualité de surface de la résine déposée est influencée par le substrat utilisé, majorant l'importance d'un nettoyage critique des lamelles avant leur utilisation.

À ce stade, l'analyse de surface au *Dektak II* indique une épaisseur de résine constante d'environ 2 μm. Les fluctuations d'une même surface sont de moins de 4% mais peuvent varier de plus ou moins 0.4 μm d'une lamelle à l'autre. La quantité brute de résine déposée sur la lamelle avant la centrifugation tout comme une fluctuation de la quantité de *primer* peut expliquer cette variation d'une lame à l'autre. Ultimement, l'épaisseur globale de la résine est sans influence, contrairement à la profondeur du motif qui y sera imprimé (contraste spatial). Il suffit de s'assurer que l'épaisseur initiale soit assez grande pour garantir que le motif creusé dans la résine y reste confiné et ainsi éviter une *saturation* de la profondeur.

4.4 Exposition de la résine

Selon les paramètres d'écriture décrits pendant la modélisation, le montage dessiné (voir fig. 4.4) doit être conçu avec précision.

On retrouve les valeurs réelles ici représentées par comparaison avec les valeurs

4.4. EXPOSITION DE LA RÉSINE

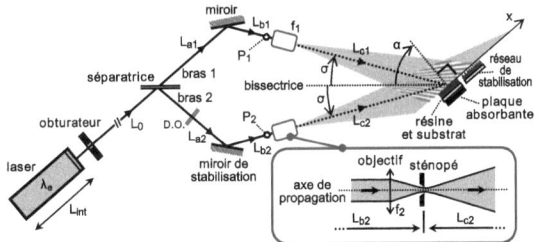

FIGURE 4.4 – Montage d'écriture conçu par notre groupe de recherche. [25]

retrouvées de par l'optimisation du modèle des sources ponctuelles,

$$L_{c1} = r_1(0), \tag{4.4.1}$$
$$L_{c2} = r_2(0), \tag{4.4.2}$$
$$\sigma = \frac{1}{2}\left[\arctan\left(\frac{x_{s0}+d_s/2}{z_{s0}}\right) - \arctan\left(\frac{x_{s0}-d_s/2}{z_{s0}}\right)\right], \tag{4.4.3}$$
$$\alpha = \frac{1}{2}\left[\arctan\left(\frac{x_{s0}-d_s/2}{z_{s0}}\right) + \arctan\left(\frac{x_{s0}+d_s/2}{z_{s0}}\right)\right] + \chi. \tag{4.4.4}$$

Les paramètres complets sont calculés lors de la simulation (voir Eq. 4.2.2 à 4.2.5) et sont représentés plus clairement sur la figure 4.5.

Puisque l'exposition est assez longue (jusqu'à une quinzaine de minutes, selon le cas), les vibrations doivent être éliminées au maximum. Le montage entier est déposé sur une table à coussins d'air, permettant d'amortir les vibrations à hautes fréquences. Pour les vibrations à basses fréquences (néfastes considérant les temps d'exposition), un miroir *Stabilock* est introduit dans une des branches d'écriture. Le miroir *Stabilock* réagit en temps réel pour rétablir un schéma d'interférence constant dans le temps. Pour y parvenir, un réseau de stabilisation est conçu, selon les mêmes méthodes décrites dans ce chapitre, mais non recouvert d'aluminium. Il est donc utilisé en transmission et son placement légèrement décalé par rapport à sa position d'écriture (comme indiqué dans la fig. 4.4) crée un schéma d'interférence grossier (avec des lignes larges de 2-3 mm et espacées de 0.5-1 cm) reporté sur un détecteur situé derrière. Le détecteur permet de compenser le déplacement de ces franges larges en faisant pivoter en temps réel le miroir *Stabilock*, rétablissant le schéma d'interférence d'intérêt. L'effet de ce miroir stabilisateur est absolument

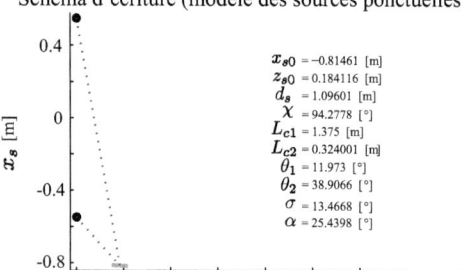

FIGURE 4.5 – Disposition des sources et du réseau, dans le modèle des sources ponctuelles.

essentiel, comme il en sera discuté lors de la caractérisation des réseaux à la section 4.7.

Pour éviter une réflexion parasite à la surface arrière du substrat lors de l'exposition, une mince couche de *solvesso*, dont l'indice de réfraction est de 1.521, est appliquée afin de faire office de couche anti-reflet. On évite ainsi une dégradation de la figure d'interférence.

L'exposition peut se faire dans une chambre noire ou dans une salle avec un éclairage jaune quasi-pur, puisque la sensibilité de la résine se situe davantage dans la portion bleue du spectre visible. Il est cependant important de maintenir les lames de résines non-développées dans un boîtier opaque lors du transport dans des salles avec un éclairage blanc.

4.5 Développement de la résine exposée

Une fois l'exposition terminée, on retire la lame du montage d'exposition et on essuie le *Solvesso* résiduel sur sa surface arrière. On doit ensuite développer la résine photosensible exposée. En d'autres termes, on détache du substrat les portions de résine dont les liens chimiques se sont activés par l'exposition, imprimant un relief tel que décrit par l'équation attendue de la période.

4.6. DÉPÔT D'UNE MINCE COUCHE MÉTALLIQUE 51

Le développeur utilisé est le *Shipley Microposit 303A*. La lame est déposée dans un mélange de 500 ml d'eau et de 60 ml de développeur. L'épaisseur de résine diluée devrait être plus ou moins linéairement dépendante du temps d'exposition, en étant également légèrement sensible au temps de trempage dans la solution fixatrice [27]. L'effet des différents temps de développement est approfondi à la section 4.7. On fait tremper la lame imprimée dans l'eau pure pendant 40 secondes pour arrêter l'effet de développement, puis on fait sécher avec un jet faible d'azote. On déshumidifie finalement la lame dans un four à 100 °C pendant 8 minutes. La lame peut à partir de cette étape, être exposée à une lumière ambiante normale sans risque puisque la résine, une fois développée, perd son caractère photosensible.

4.6 Dépôt d'une mince couche métallique

Puisque nous utilisons notre réseau en réflexion, nous devons y déposer une mince couche métallique. Pour que la surface conserve son relief et pour que les lignes de réseau ne se remplissent pas (garder un même contraste de profondeur), le dépôt doit se faire assez lentement, par évaporation, sous vide.

L'utilisation de l'aluminium comme métal réflectif était naturel, considérant sa bonne réflectivité aux longueurs d'onde près de 1540 nm. De plus, il s'agit d'un métal peu dispendieux et résistant à des conditions atmosphériques conventionnelles. Des billes d'aluminium sont initialement déposées dans un bateau de tungstène au bas d'une cloche à vide tandis que l'on dépose plusieurs lames (considération d'efficacité), côtés réseaux vers le bas, au haut de la cloche. Un courant ajustable aux bornes du bateau de tungstène permet de sélectionner un taux d'évaporation de 3 Å/s, taux considéré comme optimal par notre groupe de recherche. Un taux trop bas formerait un dépôt blanchâtre alors qu'un taux trop élevé causerait une surchauffe de la résine [28]. On cesse le dépôt lorsque l'épaisseur de la couche atteint environ 120 nm. Concrètement, les réseaux ont une couche d'aluminium de $\approx$121 nm puisque le dépôt se poursuit toujours légèrement après l'arrêt de l'évaporation. Le taux d'évaporation et l'épaisseur de la couche d'aluminium sont mesurés avec une bonne précision, grâce à un moniteur à quartz oscillant.

4.7 Caractérisation du réseau fabriqué

Maintenant qu'un réseau a été conçu selon une recette solution, il est primordial de s'assurer que les caractéristiques du réseau correspondent bien à ce qui est attendu. La période locale du réseau, sa réflectivité et ses focales effectives ont été caractérisées sur l'axe seulement (soit à $y_0 = 0$). Puisque la taille tangentielle du faisceau est non-nulle sur le réseau, la qualité de ces paramètres hors axe a une influence sur la solution finale. Cependant, ces derniers sont nettement moins critiques et ne seront pas quantifiés.

4.7.1 Période effective

Pour déterminer l'équation de la période réelle de notre réseau, un montage simple a été utilisé.

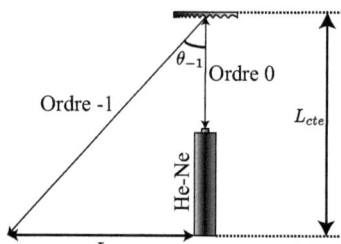

FIGURE 4.6 – Montage de caractérisation du pas.

De ce montage, il est possible de retrouver la période en mesurant la déviation du faisceau dans l'ordre -1. L'alignement doit renvoyer l'ordre 0 le plus près possible de la sortie du laser He-Ne, sans pour autant y retourner directement pour éviter une déstabilisation du faisceau. Pour une incidence à angle droit, on sait que la période du réseau peut être retrouvée par

$$\Lambda(x) = \left|\frac{\lambda_{\text{He-Ne}}}{\sin \theta_{-1}}\right|, \tag{4.7.1}$$

où la valeur absolue est présente dû au fait que l'angle est dans la direction négative par rapport à un système d'axe classique sur un réseau. On sait cependant qu'en

4.7. CARACTÉRISATION DU RÉSEAU FABRIQUÉ

situation d'incidence normale, les angles de sortie des ordres opposés sont égaux en valeur absolue. Pour éviter toute confusion, on respecte la convention de signe et impose que L_{mes} soit dirigée vers les négatifs. Ainsi, on a

$$\theta_{-1} = \arctan\left(\frac{L_{mes}(x)}{L_{cte}}\right). \qquad (4.7.2)$$

L_{mes} a été évaluée à des intervalles de $\Delta x \approx 1$ mm. La précision sur la période mesurée est évaluée à moins de 0.01 μm, en considérant les erreurs sur x, L_{mes}, L_{cte} et λ_{He-Ne}.

Par interpolation selon une fonction polynomiale d'ordre 4, la fonction de la période réelle du réseau fabriqué selon les paramètres précédemment établis est

$$\begin{aligned}\Lambda(x_0) =& 1.089 \times 10^{-6} - 2.967 \times 10^{-6} x_0 + 2.437 \times 10^{-5} x_0^2 \\ & - 1.421 \times 10^{-4} x_0^3 - 1.664 \times 10^{-3} x_0^4 \quad [\text{m}].\end{aligned} \qquad (4.7.3)$$

À ce stade, on peut remarquer que le modèle des sources ponctuelles était suffisamment précis en comparant la mesure de la période réelle par rapport à la période attendue selon le montage d'exposition (voir sur la fig. 4.7, considérant la période théorique 4.1.11). Cette fonction ne correspond pas nécessairement à la fonction idéale d'utilisation en cavité externe, mais plutôt à celle, accessible dans les limites physiques de fabrication du réseau en laboratoire, s'en approchant le plus tout au long de l'axe principal du réseau utilisé.

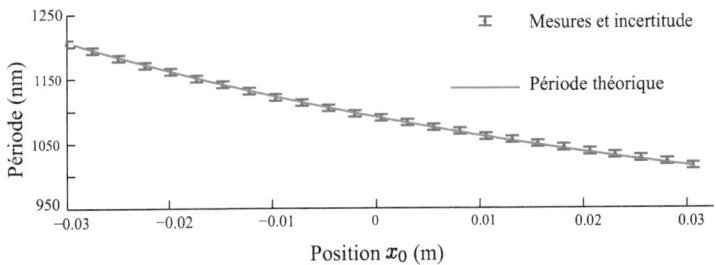

FIGURE 4.7 – Mesures et fonction attendue de la période.

Comme l'indique la figure 4.8, le réseau fabriqué possède une fonction de période encore relativement éloignée de la solution pour la cavité envisagée. En fait,

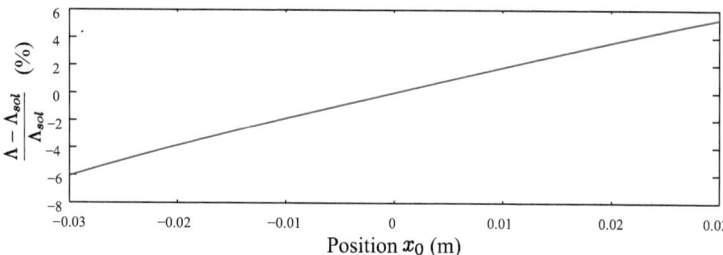

FIGURE 4.8 – Écart entre la période réelle du réseau et la période solution requise par la cavité prévue.

considérant l'écart spectral d'une cavité de 5 cm et le critère selon lequel le mode syntonisé est toujours le mode le plus rapproché, un écart de 0.0016% entre la période réelle et solution est suffisante pour observer un saut de mode. La région sur laquelle cette condition est remplie en conservant la configuration envisagée n'est large que de 0.1 mm sur le réseau, ce qui n'équivaut qu'à environs 1-2 nm de syntonisation sur un même mode. Le réajustement de la cavité finale sera donc nécessaire et permettra de réobtenir une syntonisation sur une plus large bande. Il en sera question au chapitre 5.

Comme il en a été mention précédemment, les caractéristiques hors axe du réseau n'ont pas été mesurées, mais la précision apparente du modèle des sources ponctuelles laisse supposer une précision du moins comparable sur la période tangentielle attendue.

4.7.2 Focales

Il a été mentionné que le réseau à période variable possédait une longueur focale dans ses axes sagittal et tangentiel. Les focales sont déterminées par l'équation de lignes du réseau comme on peut le constater aux éqs. (2.2.10) et (2.2.11). La caractérisation de la période du réseau (et conséquemment de la fonction $N(x)$) n'était faite que sur l'axe x, nous utiliserons la définition de la fonction de ligne en fonction des paramètres d'écriture. Cette méthode peut être utilisée, considérant les

4.7. CARACTÉRISATION DU RÉSEAU FABRIQUÉ

deux éléments suivants. Premièrement, la caractérisation du réseau nous a permis de déterminer que, même si notre réseau ne répond pas parfaitement aux conditions en cavité prévue initialement, il reste extrêmement fidèle au réseau attendu avec le modèle d'écriture à deux sources ponctuelles (voir fig. 4.7). Les focales réelles et théoriques du réseau sont conséquemment assez rapprochées également, permettant d'approximer $f_{r\alpha th} \simeq f_{r\alpha}$. La deuxième considération est l'impact réel d'un écart entre la focale considérée et réelle. En laboratoire, c'est la distance L_{da} (ajustable) qui dépend des focales du réseau. En considérant que les focales restent dans les limites physiques imposées dans la section 3.6.2, le déplacement de la lentille par rapport à la diode devrait suffire à rétablir une réinjection parfaite au moins en un point. Des simulations porteront en ce sens à la section 5.1.1.

Nous avons déjà abordé l'équation de lignes du réseau le long de l'axe x, selon les équations (4.1.3) à (4.1.9). La dérivation selon l'axe x permet donc de trouver

$$N^{(xx)}(x) = \frac{1}{\lambda_e} \left(\frac{1}{r_2(x)} \left\{ 1 - \left[\frac{x+g_2}{r_2(x)} \right]^2 \right\} - \frac{1}{r_1(x)} \left\{ 1 - \left[\frac{x+g_1}{r_1(x)} \right]^2 \right\} \right), \quad (4.7.4)$$

avec

$$g_1 \equiv (x_{s0} - d_s/2)\cos\chi + z_{s0}\sin\chi, \quad (4.7.5)$$
$$g_2 \equiv (x_{s0} + d_s/2)\cos\chi + z_{s0}\sin\chi. \quad (4.7.6)$$

Cette valeur de $N^{(xx)}(x)$ doit ensuite être réintégrée dans (2.2.10) pour obtenir la fonction de la focale en tout point d'impact x_0.

Pour la focale sagittale, il faut généraliser le paramètre de distance entre la source et le point P en l'étendant à l'axe y. Les distances deviennent donc

$$r_1(x,y) = \sqrt{(x_{s0} + x\cos\chi - d_s/2)^2 + y^2 + (z_{s0} + x\sin\chi)^2}, \quad (4.7.7)$$
$$r_1(x,y) = \sqrt{(x_{s0} + x\cos\chi + d_s/2)^2 + y^2 + (z_{s0} + x\sin\chi)^2}. \quad (4.7.8)$$

Ces nouvelles définitions permettent de définir une équation des lignes généralisée

$$N(x,y) = \frac{r_2(x,y) - r_1(x,y)}{\lambda_e}, \quad (4.7.9)$$

56 CHAPITRE 4. CONCEPTION DU RÉSEAU

dont les dérivées en y donnent

$$N^{(yy)}(x,y) = \frac{1}{\lambda_e}\left(\frac{1}{r_2(x,y)}\left\{1-\left[\frac{y}{r_2(x,y)}\right]^2\right\} - \frac{1}{r_1(x,y)}\left\{1-\left[\frac{y}{r_1(x,y)}\right]^2\right\}\right). \tag{4.7.10}$$

Nous pouvons ensuite revenir à la définition axiale de l'équation de ligne (puisque la focale, bien que dépendante de la courbure en y n'est évaluée qu'à $y=0$) pour obtenir

$$N^{(yy)}(x) = \frac{1}{\lambda_e}\left[\frac{1}{r_2(x)} - \frac{1}{r_1(x)}\right], \tag{4.7.11}$$

qu'il suffit de réintégrer dans (2.2.11) pour obtenir la fonction de l'autre focale en tout point d'impact x_0.

On obtient, pour le réseau fabriqué, des longueurs focales allant de 11.54 cm à 16.04 cm pour f_{rx} et de 11.66 cm à 16.56 cm pour f_{ry}, tel que montré sur la figure 4.9. L'écart entre les longueurs focales dans les deux axes est plutôt minime, ce qui est encourageant considérant le fait que le faisceau solution aura des rayons de courbure très semblables dans les deux axes. L'écart relatif entre les longueurs focales se situe entre 1% et 4.3% au long du réseau.

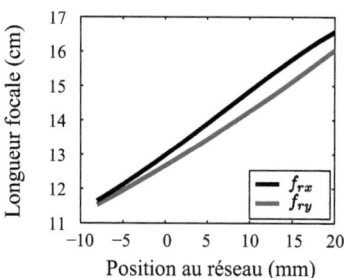

FIGURE 4.9 – Longueurs focales sagittale et tangentielle, sur toute la longueur du réseau, dans les conditions d'écriture et de syntonisation optimales.

4.7. CARACTÉRISATION DU RÉSEAU FABRIQUÉ

4.7.3 Réflectivité à 1540 nm

Puisque nous désirons une bonne réinjection dans la diode, une réflectivité optimale dans l'ordre -1 doit être atteinte. Cette réflectivité ne doit pas être totale, puisque l'ordre 0 doit rester effectif en tant qu'ordre de couplage externe. Le choix d'une réflectivité optimale a été déduite empiriquement, selon les réflectivités disponibles. Avec le montage de la figure 4.10, il est possible de mesurer la réflectivité dans les différents ordres, tout en la comparant à d'éventuelles pertes à la surface du réseau. Ces pertes sont engendrées par une surface métallique partiellement absorbante (et potentiellement diffusante), mais sont généralement minimisées par la conception et l'utilisation des réseaux en salles blanches.

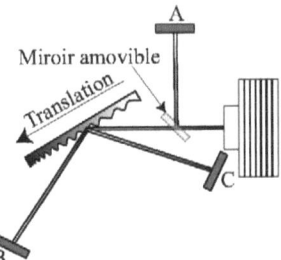

FIGURE 4.10 – Montage de caractérisation de la réflectivité du réseau.

On éclaire le réseau en un point quelconque à l'aide d'une diode laser émettant aux alentours de 1540 nm, la longueur d'onde de référence d'utilisation en cavité étendue. En chaque point sur le réseau (avec un incrément d'environ $\Delta x \approx 0.1$ mm), on note la puissance P_0 réfléchie dans l'ordre 0, recueillie par un détecteur placé en B. Pour une position au réseau, on place un détecteur en position C pour recueillir la puissance réfléchie dans l'ordre -1. On utilise ensuite un miroir basculable pour dévier le faisceau initial de la diode laser pour connaître sa puissance de sortie. On peut juger les pertes en puissance par

$$P_{pertes} = P_{sortie} - P_0 - P_{-1}. \qquad (4.7.12)$$

Pour cette portion, un seul détecteur a été utilisé (Photodiode germanium), dont la stabilité dans les échelles de temps des prises de mesures a été confirmée. Les positions A, B et C représentent donc différents positionnements d'un seul détecteur plutôt que différents détecteurs. Les positions A et C ne sont utilisées qu'en un point du réseau pour évaluer les pertes, mais les mesures de réflectivité sur plusieurs points ne sont prises qu'à partir du détecteur en position B (direction fixe, donc détecteur immobile). Les mesures prises sur des éléments de réflectivité connue ont permis de bien calibrer les positions de détecteurs afin d'éviter la détection de « pertes » fictives. Finalement, afin de s'assurer que la méthode de mesure soit bien constante, la réflectivité d'un réseau a été mesurée également à l'aide de trois détecteurs simultanés puis comparée à la méthode à un détecteur. La marge d'erreur sur les pertes était négligeable.

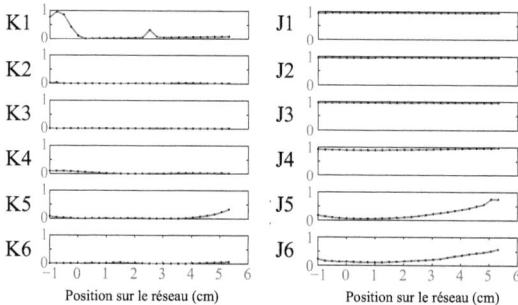

FIGURE 4.11 – Réflectivité dans l'ordre 0 d'une série de réseaux, pour différents temps d'exposition et de développement.

On considère les pertes comme étant constantes sur toute la surface. Le test a été fait sur plusieurs réseaux fabriqués. Selon les temps de développement, on arrive à obtenir des profils de réflectivité très variés. On obtient certains réseaux avec une réflectivité bien distribuée entre les ordres 0 et -1. Ces réseaux peuvent être utilisés en cavité externe dont l'ordre 0 sert de coupleur externe. On voit sur la figure 4.11 les réflectivités dans l'ordre 0 d'une série de réseaux fabriqués. Dans cette série spécifique, on retrouve 3 réseaux dont le relief de surface était insuffisant ou absent, dû à une éventuelle sous-exposition ou sur-développement de la résine. Le réseau J5 a été retenu pour sa réflectivité relativement haute dans l'ordre -1. Une portion minimale mais nécessaire de réflectivité dans l'ordre 0 (près du centre de référence du réseau) est observée.

On a également observé plusieurs réseaux avec une réflectivité pratiquement nulle dans l'ordre 0, permettant d'imaginer une nouvelle configuration de cavité, qui sera discutée dans le chapitre 7.

4.7. CARACTÉRISATION DU RÉSEAU FABRIQUÉ

4.7.4 Profil de surface

Bien qu'à l'oeil, il soit possible de voir certaines imperfections à la surface du réseau, c'est à l'observation du profil micrométrique que l'on peut être témoin de l'efficacité de la technique de fabrication. L'analyse de l'impact des différents temps d'exposition et de développement est facilitée par l'observation de ce profil de surface. Cette acquisition fut possible grâce à un microscope à force atomique. Les images recueillies permettaient d'observer grossièrement la qualité de la surface et de déterminer la profondeur du réseau. Pour différents réseaux fabriqués, on peut observer l'influence des paramètres d'exposition et de développement sur la surface. On remarque, dans les figures 4.12 à 4.15, l'allure des sinuosités de surface typiquement observées dans différentes conditions.

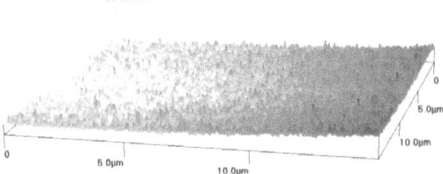

FIGURE 4.12 – Surface d'un réseau exposé sans réseau de stabilisation. On remarque qu'aucune périodicité n'est imprimée. Réseau I1.

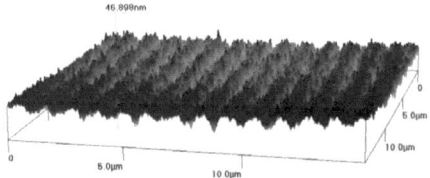

FIGURE 4.13 – Surface d'un réseau exposé avec réseau de stabilisation. Ce réseau possède une surface inégale. Réseau I2.

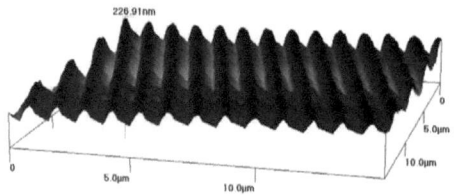

FIGURE 4.14 – Surface du réseau fabriqué et utilisé en cavité externe. Réseau J5. À cette échelle, ni la courbure, ni le gradient de la périodicité n'est détectable.

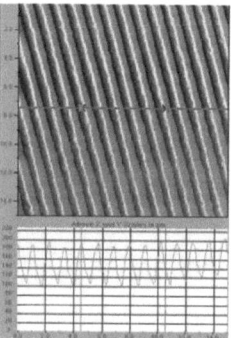

FIGURE 4.15 – L'analyse à l'AFM (*Atomic Force Microscope*) permet de déterminer la profondeur des sinuosités du réseau. Les échelles de distance sur le réseau (X et Y) sont en μm et l'échelle de profondeur (sur le grillage du bas) est en nm.

Chapitre 5

Cavité finale

Une analyse réaliste doit être effectuée, permettant d'obtenir une cavité dont les caractéristiques seront effectivement intéressantes.

5.1 Réajustement de la cavité laser étendue

Une fois que les caractéristiques de notre réseau sont bien connues, on peut à nouveau simuler notre cavité. Puisqu'elle est très sensible à un écart minime des caractéristiques optimales, on remarquera qu'un réajustement devra être effectué pour réobtenir les meilleures conditions possibles. Pour ce faire, on ajuste les paramètres L_{ref} et θ, en observant leur influence sur l'évolution de la longueur d'onde syntonisée λ_{lf}.

Comme on le remarque sur la figure 4.8, il est primordial de modifier légèrement les caractéristiques de la cavité étendue pour obtenir une syntonisation maximale puisque la configuration prévue n'est plus optimale.

5.1.1 Simulations

Avec l'équation de la période réelle de notre réseau, nous pouvons vérifier l'effet de la translation sur la longueur d'onde syntonisée comme sur la réinjection réelle. En utilisant la démarche décrite à la section 3.4, on peut trouver quelle longueur d'onde devrait être réellement syntonisée tout au long de la translation du réseau.

On fait varier légèrement θ autour de la valeur prévue pour observer son effet sur la syntonisation. L_{ref} doit également varier puisque la variation de θ induit une variation de la focale effective f_{rx}. Selon l'équation (3.6.7), on remarque que

$$L_{refopt} = 2f_{rxref} \tan\beta \tan\theta. \tag{5.1.1}$$

Cette équation, en termes des paramètres mesurés, indique une réinjection parfaite au point de référence si on conserve la loi

$$L_{refopt} = cte \tan\theta, \tag{5.1.2}$$

avec $cte = 0.2595$ m. En effet, un réseau donné possède une focale fixe au point de référence de $f_{rx} = 0.1359$ m et l'angle d'incidence est fixé à $\beta = 45°$, ne laissant que deux paramètres libres lors de l'ajustement. En variant l'angle θ, on peut donc observer une plage de syntonisation maximale pouvant atteindre un maximum autour de $\theta = 9.09°$ (voir fig. 5.1).

Cette valeur d'angle impose une longueur de référence légèrement inférieure à celle prévue, soit 0.0405 m. Avec cette configuration, on peut prévoir la réinjection dans la diode, imposée comme maximale au point de référence. On constate, sur la figure 5.2, que cette réinjection tombe rapidement de part et d'autre du point de référence. Pour palier cet effet et éviter d'une part l'arrêt de l'effet laser, et d'autre part l'apparition de régions spectrales inaccessibles [25], la lentille peut être déplacée de sorte que L_{da} optimise η_{inj} en tout point. L'effet de la variation de L_{da} sera discuté plus en détail à la section 6.3. Les simulations de propagation du faisceau gaussien permettent alors d'observer qu'une variation aussi petite que 0.3 mm suffit à optimiser la réinjection en tout point (voir fig. 5.3).

On voit que la variation très minime de L_{da} modifie grandement la réinjection. Une translation sans variation de L_{da} et avec variation par paliers seront analysées en section 6.3. Il est à noter que dans la configuration de cavité selon laquelle la diode bouge par rapport à une lentille fixe, L changera en même temps que L_{da}. Cependant, cette variation pourra être négligée puisqu'il ne s'agit que d'une variation de l'ordre de 0.3 mm sur une cavité de ≈ 5 cm, soit 0.6%. L'influence de cette variation de la longueur de cavité sera également discutée à la section 6.3.

5.1. RÉAJUSTEMENT DE LA CAVITÉ LASER ÉTENDUE

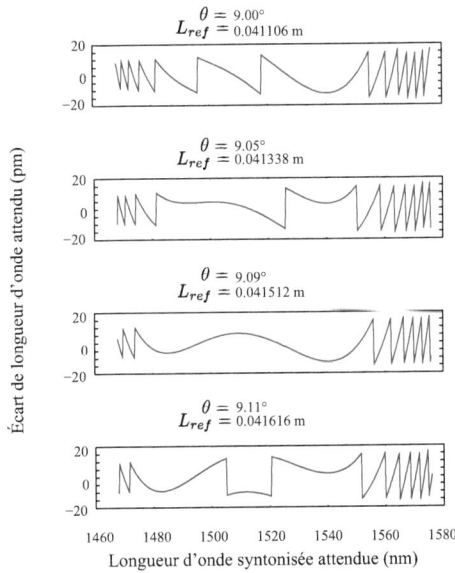

FIGURE 5.1 – Évolution de la longueur d'onde syntonisée, pour différentes valeurs d'angles de translation, pour une longueur de référence optimale.

5.1.2 Comparaison avec la cavité prévue

Notre version « améliorée » selon les conditions actuelles reste sous optimale puisque nous avions prévu une cavité parfaite selon les limites physiques. Malgré tout, on reste très proche d'une valeur de plage syntonisable totale parfaite, en modifiant les paramètres intrinsèques à la cavité. On peut directement comparer en observant l'évolution de la longueur d'onde syntonisée par rapport à la longueur d'onde principalement retournée pour observer les sauts attendus selon les deux cavités (voir fig. 5.4).

La différence entre les périodes réelle et solution, aussi minime puisse-t-elle paraître, joue un grand rôle dans l'obtention d'une large plage de syntonisation.

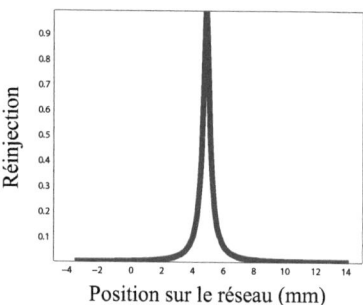

FIGURE 5.2 – Réinjection au long de la syntonisation, avec une lentille fixe.

5.2 Optimisation de la cavité réelle

Ayant en main toutes les caractéristiques recherchées en laboratoire, nous devons reproduire notre solution.

5.2.1 Ajustement des axes et des angles dans la cavité

Un protocole bien précis permet de se fixer des axes instinctifs selon les angles précis requis. Les figures d'alignement ne sont en aucun cas à l'échelle. Elles ont été conçues pour mettre en évidence les manipulations névralgiques de chaque étape.

Il est aussi important de noter qu'un alignement bidimensionnel est nécessaire en tout temps. Ainsi, même si les schémas représentent l'alignement horizontal, il est important de s'assurer d'un retour parfait dans la diode verticalement aussi.

1. Ajuster la distance L_{da} de sorte que le faisceau sortant en émission libre soit collimaté (voir fig. 5.5).

5.2. OPTIMISATION DE LA CAVITÉ RÉELLE

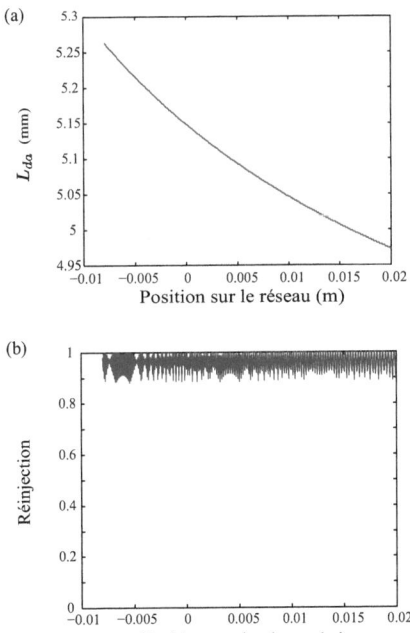

FIGURE 5.3 – Modification dynamique de la position de la lentille. a) Distance L_{da} optimale en fonction de la position sur le réseau. b) Réinjection durant la syntonisation avec la lentille dynamique.

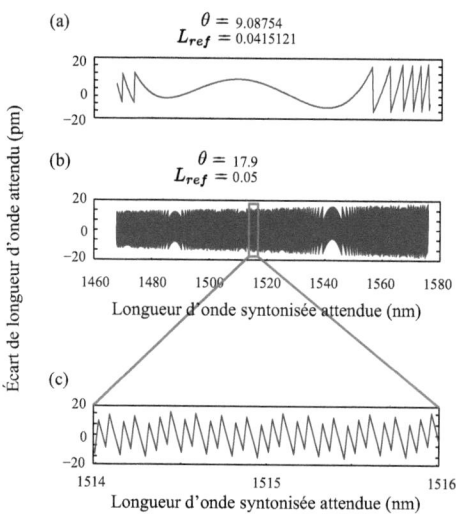

FIGURE 5.4 – Comparaison des syntonisation en cavité a) optimale et b) prévue. En c), on remarque plus facilement la cadence de sauts de modes probables dans la cavité sous-optimale.

2. Placer la table de translation du réseau à une grande distance de la diode et perpendiculaire au faisceau sortant de cette dernière. On peut s'assurer du caractère perpendiculaire du support rotatif en y fixant une lamelle de verre et en s'assurant que le retour de faisceau est bien superposé au faisceau initial. La diode est alors inclinée de Θ par rapport à l'axe optique (voir fig. 5.6).

3. Placer le réseau sur son support et vérifier que la réflexion d'ordre -1 est bien convergente verticalement et divergente horizontalement (pour s'assurer que le gradient de Λ soit dans le bon sens) (voir fig. 5.7).

5.2. OPTIMISATION DE LA CAVITÉ RÉELLE

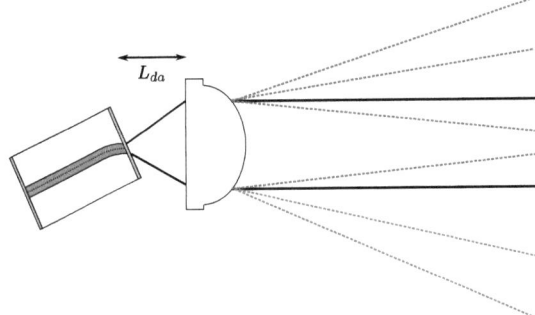

FIGURE 5.5 – Ajustement de L_{da} pour une collimation grossière.

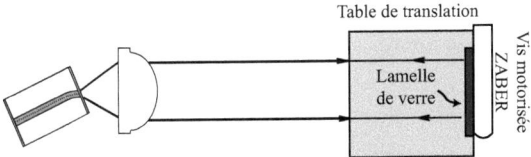

FIGURE 5.6 – Alignement de la table de translation (vis motorisée) pour une incidence directe du faisceau.

4. Ajuster le support du réseau de sorte que l'ordre 0 revienne parfaitement sur lui-même pour s'assurer du parallélisme entre le support et la table de translation (voir fig. 5.8).

5. Tourner la table de rotation d'un angle égal à $\beta - \theta$ dans la direction pour laquelle le faisceau réfléchi dans l'ordre 0 ne soit pas réfléchi vers le miroir d'or (voir fig. 5.9).

6. Réaligner l'ordre 0 pour que la table de translation et le socle fassent un angle de $\beta - \theta$ (voir fig. 5.10).

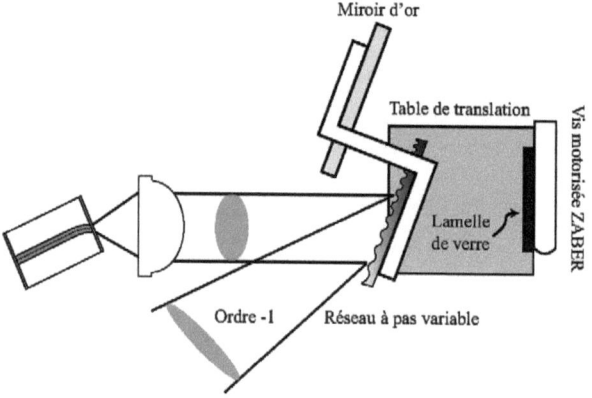

FIGURE 5.7 – Vergence du faisceau réfléchi dans l'ordre -1.

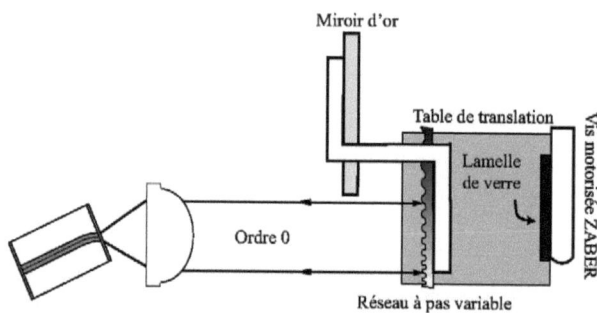

FIGURE 5.8 – Vérification de la perpendicularité de la table de translation.

5.2. OPTIMISATION DE LA CAVITÉ RÉELLE

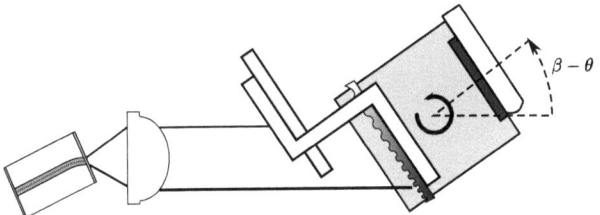

FIGURE 5.9 – Rotation de la table de translation d'un angle de $\beta - \theta$.

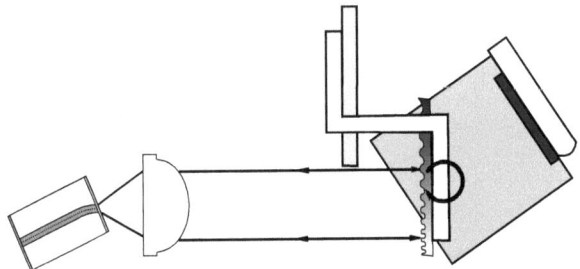

FIGURE 5.10 – Réalignement du réseau pour un retour à la diode en ordre 0.

7. Tourner la table de rotation d'un angle de β dans le sens de la propagation. Ainsi, l'angle d'incidence sera de β et l'angle de translation sera de θ (voir fig. 5.11).

8. Ajuster la hauteur de retour du faisceau dans l'ordre -1 avec la hauteur du réseau seulement, sans changement d'angle. Il faut que le faisceau soit contre-propageant peu importe le point d'impact au cours de la translation. La hauteur du réseau influe sur la hauteur de retour par l'effet de cône décrit dans la section 2.4 de la thèse de Gilles Fortin. Cet ajustement sert à s'assurer que l'impact du faisceau avec le réseau se fasse bien sur l'axe de symétrie vertical de ce dernier. Il est donc impératif de ne pas changer l'angle du réseau puisque l'ordre 0 est déjà aligné.

9. Rapprocher la table de translation au support de la diode en prenant bien soin d'ajuster latéralement le contact de sorte que la vis motorisée, à mi-parcours, provoque un impact faisceau-réseau aux environs du centre (x_0=0) de ce dernier. À cette étape, il est primordial de s'assurer qu'une variation

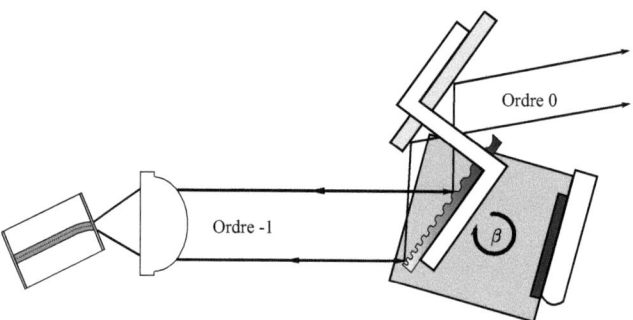

FIGURE 5.11 – Finalisation de l'alignement angulaire des composantes.

cohérente de L_{ref} et de la position de la vis motorisée ne gêne le mouvement (impact fortuit ou manque d'accès à un élément du montage) (voir fig. 5.12).

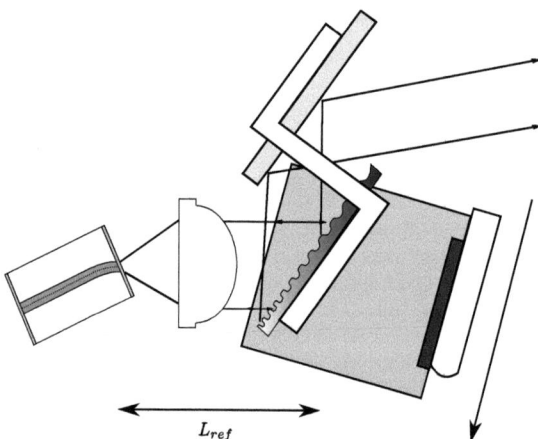

FIGURE 5.12 – Rapprochement de l'unité Réseau/Miroir.

5.2. OPTIMISATION DE LA CAVITÉ RÉELLE

5.2.2 Ajustement de la courbure du faisceau au réseau

Pour s'assurer que la courbure du faisceau épouse au mieux la courbure effective du réseau, nous devons ajuster la distance L_{da} pour que la puissance de sortie soit maximale (et s'assurer que le faisceau soit divergent à la sortie). En effet, le laser peut fonctionner avec la solution où le faisceau est focalisé sur la surface du réseau, mais l'opération devient alors multimode.

Pour un réseau dont les focales ne sont pas optimisées, on obtient une distribution de puissance de sortie avec deux maximums en fonction de la distance L_{da}. Cela est dû à la différence de focales intrinsèques du réseau. Un premier maximum équivaut à une distance focale optimale pour un axe, tandis que l'autre équivaut à une distance focale optimale pour l'autre axe.

Dans les faits, on tente de maximiser la puissance laser. Sur la figure 5.13, on voit un max à $L_{da\,rel} = 4.723$ cm. Lors des mesures de syntonisation, on essaie d'ajuster l'angle et la distance L_{da} pour confondre les pics et optimiser la puissance.

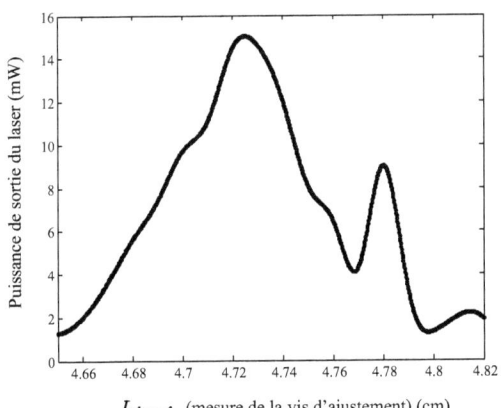

$L_{da\,ref}$ (mesure de la vis d'ajustement) (cm)

FIGURE 5.13 – Pics de puissance reflétant les différences de focale des deux axes.

5.2.3 Ajustement de la longueur de la cavité

Comme les figures d'optimisation le démontrent, la longueur de la cavité peut être déduite par le nombre de sauts détectés. Ce phénomène permet donc d'ajuster la longueur de la cavité alors qu'une mesure directe et précise de ce paramètre est pratiquement impossible, ou encore techniquement plus difficile. Pour y arriver, plusieurs balayages sur une surface restreinte donnée du réseau doivent être réalisés. En comparant avec les sauts théoriques en fonction de la longueur de cavité, il est possible d'obtenir une régression faisant tendre le nombre de sauts dans la région vers 0, à une longueur de cavité optimale L_{opt}. Évidemment, il sera essentiel d'effectuer les balayages dans une sous-région syntonisable en cas optimal pour viser une longueur cohérente. Cette longueur pourra alors être réajustée très subtilement lors des différents balayages complets pour s'assurer d'obtenir la plus grande plage sans sauts de modes possible. Comme le montrent les figures simulées, un changement très infime de la longueur pourrait couper la région syntonisable en deux pour une longueur très rapprochée de la longueur optimale. L'obtention de la syntonisation sur une sous-plage indique une proximité extrême de la longueur souhaitée, sans pour autant en être garante.

Une translation sur ∼2 mm permet de voir le nombre de sauts pour une longueur donnée. Comme le montre la figure 5.14, les simulations permettent de s'assurer que la direction et la densité de sauts sont linéairement reliés à l'écart entre la longueur de la cavité et la longueur optimale.

5.2.4 Contraintes et degrés de liberté

Il sera important lors des ajustements mineurs pour l'optimisation de la puissance de sortie avant chaque prise de mesure, de bien s'assurer de ne toucher qu'aux ajustements strictement influents sur la réinjection. En effet, toute rotation dans le plan tangentiel influencera la longueur d'onde syntonisée. En d'autres termes, pour obtenir une meilleure réinjection, il est impératif de ne jamais modifier θ ou β. Une rotation dans le plan sagittal ou encore une translation verticale du réseau est cependant permise puisque la période $\Lambda(x_0)$ rencontrée permet de sélectionner une même longueur d'onde. Ces observations sont particulièrement critiques lors de l'alignement de la diode par rapport à la lentille, où il est important de garder en tête l'effet des déplacements sur la direction du faisceau sortant.

5.2. OPTIMISATION DE LA CAVITÉ RÉELLE

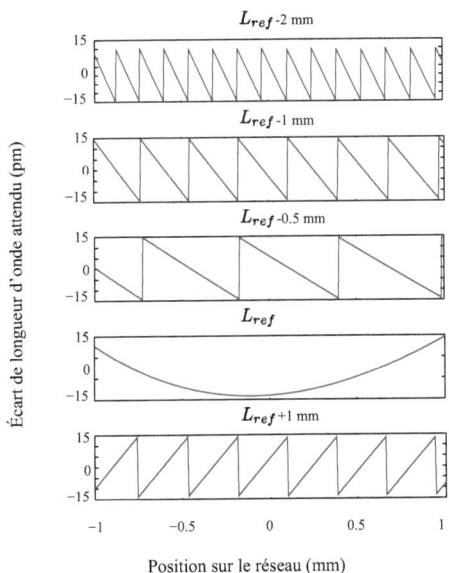

FIGURE 5.14 – Sauts prévus sur une translation de 2 mm pour différentes valeurs de longueurs de références à $\theta = 9.09°$.

Chapitre 6

Syntonisation avec le réseau produit

Voici les résultats et les observations lors des mesures finales de la syntonisation obtenue. On y discutera des détails, des influences et des observations récurrentes.

6.1 Méthode et algorithme d'acquisition

Au-delà de la cavité étendue, on retrouve un monochromateur et un détecteur de puissance. Nous avons utilisé un appareil de type Czerny-Turner (Jarrell-Ash, modèle 78-462) de plus de 2 m de long pour atteindre une résolution très fine du spectre. Une caméra infrarouge placée à la sortie spectrométrique du monochromateur permet de traduire la longueur d'onde syntonisée en pixels de déplacement, aisément analysables. Le détecteur de puissance (photodiode en germanium avec acquisition en temps réel par *LabView*) permet l'optimisation de la réinjection en direct. Il permet en fait de suivre l'évolution de la puissance de sortie du laser lors de la translation, aidant à connaître sur quelle plage on peut considérer le laser comme efficace tout en permettant de prévoir les moments où une translation de la lentille est nécessaire pour améliorer la réinjection. De plus, la périodicité dans la puissance a permis de déduire l'indice de réfraction de la diode laser. Pour une référence au montage, voir la figure 6.1.

La calibration de la caméra infrarouge permet de traduire la position en pixel puisque la largeur de l'image permet de couvrir environ 3 nm en longueur d'onde.

CHAPITRE 6. SYNTONISATION AVEC LE RÉSEAU PRODUIT

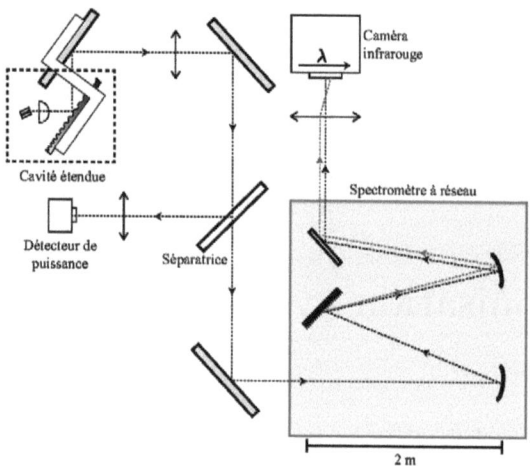

FIGURE 6.1 – Schéma du montage d'acquisition.

La relation n'est cependant pas parfaitement linéaire et le balayage de différentes longueurs d'onde a permis de déterminer la fonction de conversion $ppp(x_0)$, en pm/pixel, pour un point donné x_0 sur le réseau à période variable,

$$ppp(x_0) = \frac{-3153.5}{W_{ima}}(0.7411769302 - 136180 * (\Delta\lambda_{ref}) \\ - 0.522137 \times 10^{11} * (\Delta\lambda_{ref})^2 - 0.88305 \times 10^{16} * (\Delta\lambda_{ref})^3 \\ - 0.330031 \times 10^{22} * (\Delta\lambda_{ref})^4 - 0.116933 \times 10^{28} * (\Delta\lambda_{ref})^5), \quad (6.1.1)$$

où

$$\Delta\lambda_{ref} = \bar{\lambda}(x_0) - \lambda_{ref}, \quad (6.1.2)$$

et W_{ima} est la résolution de l'image recueillie par la caméra infrarouge (typiquement 320 pixels). Les valeurs de $\Delta\lambda_{ref}$ doivent toujours être utilisées en mètres dans les éqs. (6.1.1) et (6.1.2).

6.1.1 Résolution de l'acquisition

Pour bien discerner les sauts de modes, l'image est comparée à une gaussienne typique évaluée à tous les dixièmes de pixels pour une résolution finale typique de 0.1 pm. Une telle résolution est donc amplement suffisante pour éviter de confondre un saut de mode dans l'écart-type des données d'une translation sans saut. En Annexe B, quelques données d'acquisition et leurs résolutions accompagnées de gaussiennes types sont présentées.

6.2 Figures types

Certaines figures permettent une vision intuitive de la syntonisation. Elles sont présentées ici, avec leurs principales utilités et leurs instructions de lecture.

Le première figure est celle de l'évolution graduelle de la longueur d'onde. On ne peut pas y discerner les sauts de modes, trop petits, mais on pourrait y discerner les régions spectrales inaccessibles en cas de mauvaise réinjection. Un exemple d'évolution de la longueur d'onde avec saut de mode est donné en figure 6.2.

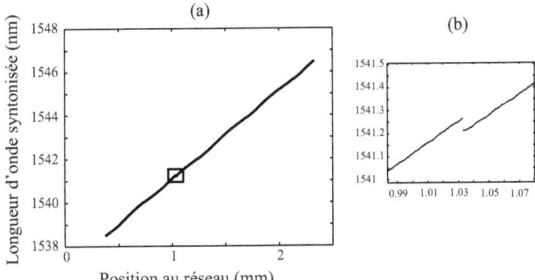

FIGURE 6.2 – Évolution de la longueur d'onde pendant la translation a) sur 2 mm avec b) agrandissement sur un saut de mode.

Pour bien discerner les sauts de modes et leur magnitude, il peut être pertinent d'utiliser une figure représentant l'écart en longueur d'onde entre deux mesures

CHAPITRE 6. SYNTONISATION AVEC LE RÉSEAU PRODUIT

(voir fig. 6.3). Avec des incréments de translation suffisamment courts, il devient alors très facile de distinguer l'évolution continue de la longueur d'onde (∼3 pm par mesure) d'un saut de mode (minimum 25 pm). Les pointillés servent de repère pour compter l'ordre d'un saut.

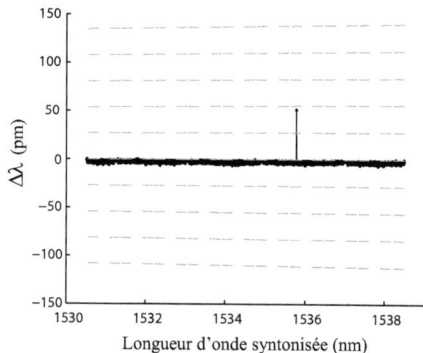

FIGURE 6.3 – Représentation du saut de mode détecté à la figure 6.2.

6.3 Résultats de syntonisation

Plusieurs balayages ont été effectués et les meilleurs résultats sont ici présentés. On peut remarquer les régions spectrales inaccessibles dans certains résultats, ainsi que le besoin d'une translation par paliers pour compenser la réinjection.

La réinjection est le principal défi dans le cas d'une cavité étendue à une seule lentille. L'effet focalisant du réseau étant moins constant que celui d'une lentille, certains compromis doivent être acceptés. On remarque, lors d'un balayage représenté par la figure 6.4, des « sauts de modes » de l'ordre de 200 pm. On peut associer ces sauts à des sauts de modes intrinsèques de la diode laser utilisée ($L_d = 1$ mm). Ces sauts se produisent lorsque la réinjection dans la diode est insuffisante, limitant le pouvoir sélectif du réseau. La diode laser tend alors à émettre de façon stimulée sur son spectre propre sans préférence entre ses modes [29]. En d'autres termes, le

6.3. RÉSULTATS DE SYNTONISATION

caractère périodique du gain seuil pour l'effet laser dans la diode n'est plus aussi bien inhibé par la sélectivité spectrale du réseau.

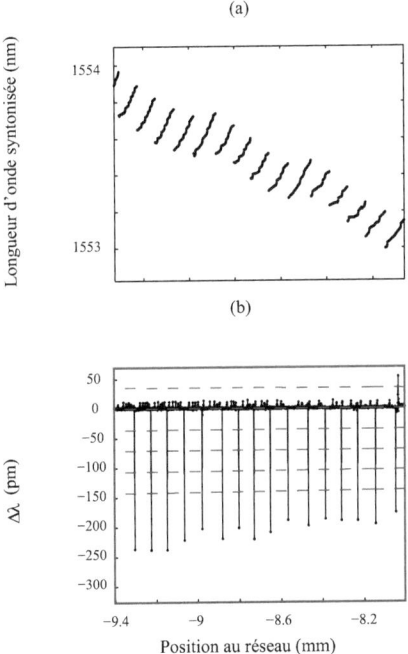

FIGURE 6.4 – Balayage avec sauts internes à la diode. a) Évolution de la longueur d'onde et b) isolation des sauts de modes, que l'on constate comme étant nettement supérieurs à des sauts de modes de la cavité étendue. Certains petits sauts sont aussi repérés entre les sauts majeurs et représentent des « fractions » de sauts de cavité dus à un saut lent (i.e. un saut s'étirant sur 2-3 mesures consécutives).

Puisque les sauts de modes peuvent êtres multiples, il est important de noter que les sauts internes de la diode sont d'environ 200-250 pm, ce qui les distingue de certains sauts quintuples qui peuvent survenir et qui sont plutôt de l'ordre de 100 pm, comme montré à la figure 6.5.

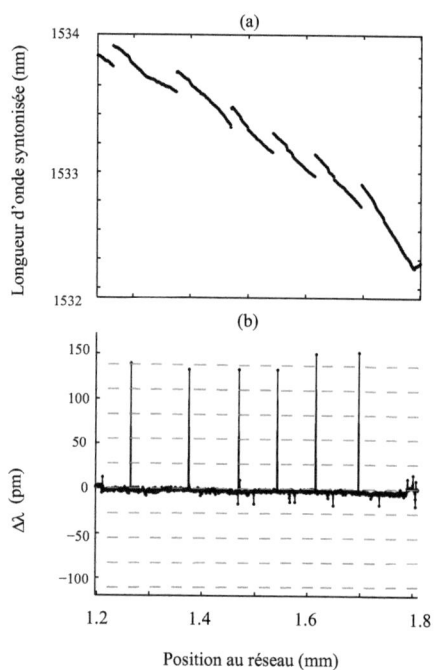

FIGURE 6.5 – Balayage avec sauts quintuples de la cavité étendue. a) Évolution de la longueur d'onde et b) isolation des sauts de modes, que l'on constate comme étant nettement supérieurs à des sauts de modes de la cavité étendue, tout en restant inférieurs à des sauts de modes intrinsèques.

6.4. INFLUENCE D'UNE LENTILLE/DIODE MOBILE

Après optimisation de la réinjection et de la longueur de cavité, comme montré à la section 5.2.3, on peut balayer le réseau pour obtenir l'évolution modale de la longueur d'onde syntonisée. On voit sur la figure 6.6 une syntonisation sans saut de mode sur 10 nm, qui correspond à la plage de bonne réinjection soulignée dans la figure 5.2.

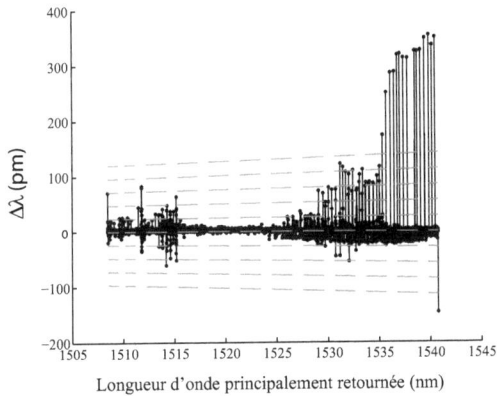

FIGURE 6.6 – Syntonisation sur toute la surface syntonisable du réseau. Autour de la section de syntonisation continue, on remarque les phénomènes caractéristiques d'une réinjection insuffisante.

Avec cette configuration de cavité, la plage de syntonisation continue la plus large obtenue était de 11 nm (voir fig. 6.7). Cette valeur se rapproche du maximum accessible selon la courbe de réinjection de la figure 5.2.

6.4 Influence d'une lentille/diode mobile

La variation de L_{da} peut sembler négligeable par rapport à L_{tot}. Pour bien observer l'effet de la translation de la diode dans la configuration selon laquelle la distance $L(x_0)$ est également dépendante de la variation de L_{da}, l'évolution de la longueur d'onde syntonisée doit cependant être simulée puisque nous savons que la

82 CHAPITRE 6. SYNTONISATION AVEC LE RÉSEAU PRODUIT

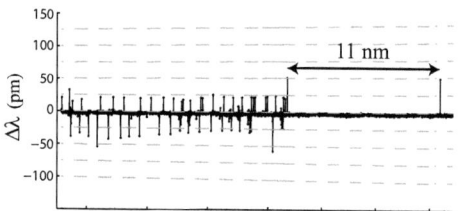

FIGURE 6.7 – Plage de syntonisation continue la plus étendue. Le comportement de sauts aléatoirement dirigés à gauche de la plage est caractéristique d'une sélectivité spectrale amoindrie du réseau.

syntonisation continue est extrêmement sensible à la longueur de cavité. Comme le montre la figure 6.8, il est primordial de considérer le réajustement de L_{tot} en même temps que L_{da} ou encore de monter la diode sur une configuration de cavité dont le mouvement de la lentille est indépendant.

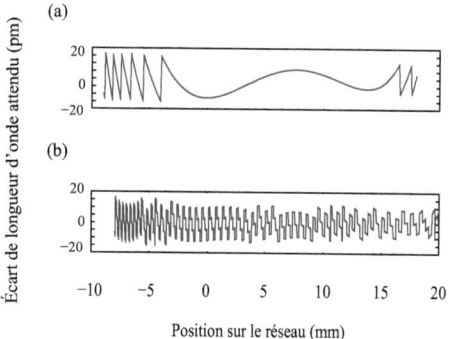

FIGURE 6.8 – Syntonisation prévue avec a) L_{da} fixe et b) L_{da} variable avec incidence sur L_{tot}.

Pour pallier l'effet nuisible d'une translation de L_{da} dans la configuration utili-

6.5. OPÉRATION MULTIMODE   83

sée, une translation axiale compensatoire et supplémentaire en temps réel du réseau peut être envisagée. La figure 6.6 laisse également paraître qu'une translation par palier peut être suffisante. En effet, puisque la réinjection est suffisante sur ∼3 mm, L_{da} pourrait rester constante sur quelques millimètres avant d'être réajustée.

6.5 Opération multimode

La solution du faisceau focalisé au réseau rend l'opération multimode possible. En effet, lors de la maximisation de puissance pendant l'ajustement, il est important de vérifier que le pincement du faisceau gaussien se situe à l'intérieur de la cavité pour obtenir une opération monomode et, donc, apte à la syntonisation continue.

6.6 Puissance

À des fins de comparaison avec d'autres sources accordables, il est intéressant de mesurer la puissance de sortie du laser. En observant la courbe de puissance de sortie en fonction du courant d'injection dans la diode (voir fig. 6.9), on remarque, comme il en avait été mention à la section 2.2.1, qu'on réussit à aller chercher une opération laser avec un courant seuil aussi bas que 24 mA. Un courant de seuil très bas étant un atout lorsque l'on désire agrandir la plage de longueurs d'onde accessibles, on peut confirmer que le choix initial de la diode était tout à fait adéquat. La puissance du laser, lors de son utilisation à $I_{diode} = 100$ mA, était plutôt constante autour de 17.5 mW.

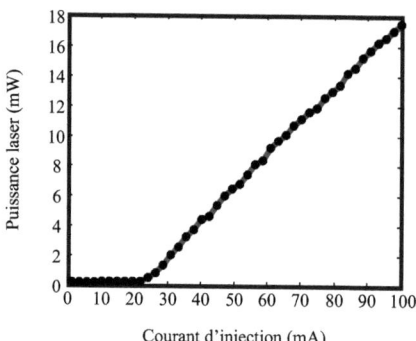

FIGURE 6.9 – Courbe L-I de la diode en opération laser à 25°C, pour une longueur d'onde de 1540 nm. On peut noter que le mode varie lorsque l'on modifie le courant d'injection. Il est conséquemment essentiel de garder ce paramètre constant lors de la syntonisation. Ce phénomène est attribuable à un léger déplacement de la courbe de gain.

On rappelle cependant que la puissance de sortie du laser n'est pas un enjeu critique dans le contexte de ce projet.

Chapitre 7

Conclusion

7.1 Sommaire

Nous avons obtenu une syntonisation continue sur une plage de plus d'une dizaine de nm, et ce, dans une cavité étendue plus compacte ne contenant qu'une lentille de collimation. Le centre de cette plage de 11 nm est cependant ajustable par une simple translation axiale de la lentille de collimation. En effet, il y a un lien direct entre L_{da} et la position x_0 pour laquelle la réinjection est optimale, déplaçant conséquemment la plage de syntonisation accessible. L'effet limitant d'un manque de réinjection peut également être inhibé par une lentille mobile en temps réel jusqu'à l'obtention d'un potentiel de syntonisation de 82 nm.

Il est possible de dresser un tableau récapitulatif sur les accomplissements et les potentiels des trois techniques de syntonisation par translation mentionnées dans ce mémoire. La première technique est celle avec deux lentilles dans la cavité étendue. Il s'agit de travaux réalisés précédemment [30,31] dont la configuration est illustrée à la figure 2.1. La seconde technique est celle principalement discutée et implique la translation d'un réseau dans une cavité à une lentille fixe. La dernière représente la cavité dynamique, dans laquelle la lentille de collimation est mobile. Les plages atteintes et accessibles sont exprimées dans le Tableau 7.1.

La plage potentielle légèrement supérieure de la technique par lentille unique mobile, par rapport à la technique à double lentille, s'explique par la possibilité

Méthode	Deux lentilles	Lentille unique, fixe	Lentille unique, mobile
Plage de syntonisation atteinte	66 nm	11 nm	N/A
Plage de syntonisation potentielle	~ 80 nm	~ 15 nm	~ 82 nm

TABLE 7.1 – Accomplissements et potentiels des différentes techniques proposées

de raccourcir la cavité, écartant ainsi les modes longitudinaux les uns des autres. Ce fait implique une plus grande liberté dans le choix des paramètres de cavité et d'écriture du réseau puisque qu'une période réelle plus éloignée de la période solution peut suffire pour éviter un saut de mode (la condition pour laquelle on reste à $\pm\frac{1}{2}\Delta\lambda_m$ de la longueur d'onde solution est plus facile à remplir).

7.2 Simulations supplémentaires

Dans la configuration existante, différents tenants et aboutissements ont été approfondis en simulation uniquement, par optimisation des algorithmes de simulation. Un nouvel algorithme d'optimisation a été créé, entre autres, afin de pondérer la réinjection comme facteur influent avant la conception du réseau. Une telle considération « libère », en quelque sorte, les paramètres f_{rx} et f_{ry} préalablement dépendants de la solution choisie. Cette méthode permet donc d'obtenir une syntonisation continue sur une plus petite plage (puisque la plage syntonisable n'est plus le seul paramètre à optimiser), mais sans translation de la lentille. La technique serait donc un hybride entre les configurations avec et sans translation de L_{da} en ce sens où la plage effective et potentielle de syntonisation serait entre les deux. Cet algorithme d'optimisation a également été généralisé pour des valeurs de β variables et amélioré quant au recadrage et aux limitations numériques des variables en jeu.

Les nouvelles conditions d'exposition (voir fig. 7.1) sont calculées pour obtenir un bon compromis. Comme prévu, la plage de syntonisation est ainsi limitée, mais en conservant une réinjection pratiquement optimale tout au long de la translation, simplifiant davantage la mécanique (voir fig. 7.2). Aucun réseau n'a encore été conçu selon ces paramètres.

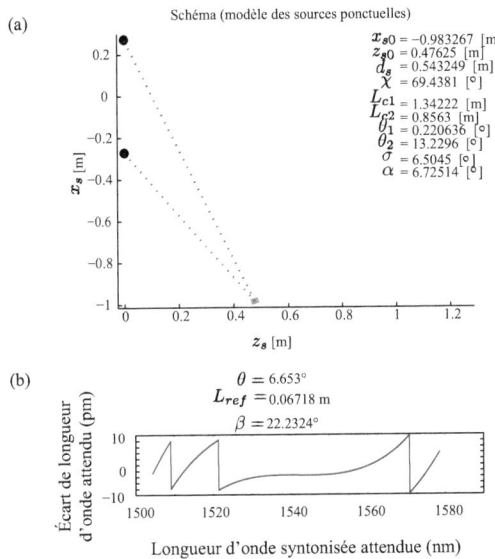

FIGURE 7.1 – a) Option de configuration pour écriture d'un réseau avec b) 50 nm de plage de syntonisation continue accessible.

7.3 Avenue théorique : Cavité ultra-compacte

Avec les algorithmes d'optimisation, il a été mis en évidence qu'en s'affranchissant des limitations de gravure holographique selon le modèle des sources ponctuelles, une cavité ultra-compacte serait possible.

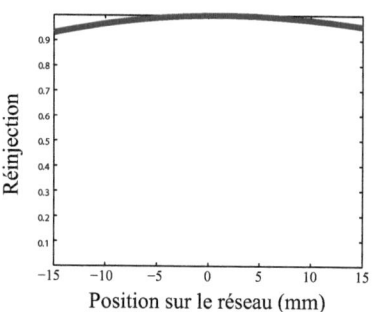

FIGURE 7.2 – Réinjection au long du réseau, selon les nouvelles simulations et l'optimisation pondérée.

7.3.1 Allure désirée

La cavité ultra-compacte se distinguerait de la cavité étendue proposée précédemment par l'absence de tout élément optique entre la cavité interne et l'élément dispersif (voir fig. 7.3). Cette configuration permettrait d'écarter les modes de la cavité étendue en rapprochant la diode et le réseau à période variable. Les pertes seraient également réduites tout en augmentant la stabilité mécanique du système.

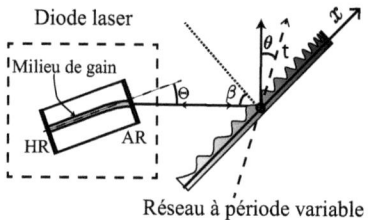

FIGURE 7.3 – Cavité ultra-compacte proposée.

7.3. AVENUE THÉORIQUE : CAVITÉ ULTRA-COMPACTE

7.3.2 Développement de l'équation de lignes bidimensionnelle

Pour une cavité telle que décrite à la figure 7.3, on cherche à trouver une fonction N, dépendante de x_0 et y_0, valable sur tout le réseau, et qui serait idéale pour une configuration prévue donnée. Cette équation doit permettre

1. Une syntonisation parfaite, soit une évolution continue de λ_{lf} sur tout l'axe du réseau ($y = 0$).
2. Une réinjection idéale, sans élément optique supplémentaire, et sur chaque axe.

Pour éviter au maximum les aberrations et simplifier l'analyse, il est instinctif d'imposer une solution ayant une évolution parabolique des lignes de réseau en y sans que cette dépendance n'influe sur l'évolution des lignes sur l'axe du réseau. Ces considérations suggèrent donc une forme généralisée

$$N(x,y) = F(x) + G(x)y^2. \tag{7.3.1}$$

Les conditions et les relations déjà connues peuvent alors permettre de retrouver les fonctions $F(x)$ et $G(x)$ nécessaires à l'obtention des conditions précédemment dictées. La condition de phase, développée à la section 3.2 nous indique que

$$N^{(x)}(x_0) = \Lambda_{ref}^{-1} \left[1 + \frac{x_0 \sin(\beta - \theta)}{L_{ref} \cos \theta} \right]^{\frac{\sin \theta \cos \beta}{\sin(\beta - \theta)}}, \tag{7.3.2}$$

où $\Lambda_{ref} = \lambda_{ref}/2\sin\beta$ est exigé par l'opération optimale de la source laser utilisée. Les relations entre les focales effectives du réseau et l'équation de lignes sont également déjà connues et permettent d'écrire

$$N^{(xx)}(x,0) = \frac{\cos^2 \beta}{\lambda(x) f_{rx}(x)}, \tag{7.3.3}$$

$$N^{(yy)}(x,0) = \frac{1}{\lambda(x) f_{ry}(x)}. \tag{7.3.4}$$

En dérivant selon x notre forme générale pour la fonction de lignes (éq. (7.3.1)),

$$N^{(x)}(x,y) = F^{(x)}(x) + G^{(x)}(x)y^2, \tag{7.3.5}$$

$$N^{(x)}(x,0) = F^{(x)}(x), \tag{7.3.6}$$

on retrouve directement la forme définie sur l'axe ($y = 0$) de l'équation (7.3.2), ce qui permet de déterminer

$$F^{(x)}(x) = \Lambda_{ref}^{-1}\left[1 + \frac{x_0 \sin(\beta - \theta)}{L_{ref} \cos\theta}\right]^{\frac{\sin\theta\cos\beta}{\sin(\beta-\theta)}}. \tag{7.3.7}$$

En intégrant, on obtient la forme

$$F(x) = \int F^{(x)}(x')dx', \tag{7.3.8}$$

$$= \Lambda_{ref}^{-1} \frac{L_{ref}\cos\theta + x\sin(\beta-\theta)}{\cos\theta \sin\beta} \left(1 + \frac{x\sin(\beta-\theta)}{L_{ref\cos\theta}}\right)^{\frac{\cos\beta\sin\theta}{\sin(\beta-\theta)}} + N_0, \tag{7.3.9}$$

où N_0 est la constante d'intégration. Elle peut servir à fixer la ligne 0 sur le réseau comme étant celle passant par le point $P_{ref} = \{0,0\}$. La condition $N(0,0) = 0$ implique $F(0) = 0$ et, conséquemment,

$$N_0 = -\Lambda_{ref}^{-1} \frac{L_{ref}}{\sin\beta}. \tag{7.3.10}$$

La forme finale de la fonction $F(x)$ solution est donc

$$F(x) = \Lambda_{ref}^{-1} \left[\frac{L_{ref}\cos\theta + x\sin(\beta-\theta)}{\cos\theta\sin\beta}\left(1 + \frac{x\sin(\beta-\theta)}{L_{ref\cos\theta}}\right)^{\frac{\cos\beta\sin\theta}{\sin(\beta-\theta)}} - \frac{L_{ref}}{\sin\beta}\right]. \tag{7.3.11}$$

En dérivant selon y cette fois,

$$N(x,y) = F(x) + G(x)y^2, \tag{7.3.12}$$
$$N(x,y)^{(y)}(x,y) = 2G(x)y, \tag{7.3.13}$$
$$N(x,y)^{(yy)} = 2G(x), \tag{7.3.14}$$

on obtient une équivalence avec l'équation (7.3.4) (considérant que $G(x)$ est indépendant de y) permettant d'écrire

$$G(x) = \frac{1}{2\lambda(x)f_{ry}(x)}. \tag{7.3.15}$$

Puisque l'on considère toujours une situation idéale, on suppose que la longueur d'onde laser sera égale à la longueur d'onde principalement retournée par le réseau

7.3. AVENUE THÉORIQUE : CAVITÉ ULTRA-COMPACTE

dont le motif est solution dans le montage de syntonisation donnée. La fonction $\lambda(x)$ peut être alors exprimée selon les paramètres de cavité comme

$$\lambda(x) = \frac{2\sin\beta}{N^x(x,0)}, \tag{7.3.16}$$

$$= (2\sin\beta)\Lambda_{ref}\left[1 + \frac{x\sin(\beta-\theta)}{L_{ref}\cos\theta}\right]^{-\frac{\cos\beta\sin\theta}{\sin(\beta-\theta)}}. \tag{7.3.17}$$

La fonction $f_{ry}(x)$, elle, est optimale lorsqu'elle permet une réinjection parfaite. Dans le cas d'une cavité avec solution gaussienne, le facteur $2f_{ry}$ peut être associé au rayon de courbure du faisceau solution. Ainsi,

$$2f_{ry} = R_{gauss}(x) = L(x)\left[1 + \left(\frac{\pi w_{0y}^2}{\lambda(x)L(x)}\right)^2\right], \tag{7.3.18}$$

avec

$$L(x) = L_{ref} + \frac{x\sin(\beta-\theta)}{\cos(\theta)}. \tag{7.3.19}$$

Selon les valeurs réelles impliquées (et il en sera discuté dans la section suivante), un cas très divergent ou la présence d'une cavité relativement longue (i.e. pour une cavité dont la longueur L_{ref} est beaucoup plus grande que la longueur de Rayleigh du faisceau laser) permet de simplifier la fonction $G(x)$ comme

$$G(x) \approx \frac{1}{\lambda(x)L(x)}. \tag{7.3.20}$$

Les formules de $F(x)$ et de $G(x)$ peuvent alors être ajustées théoriquement sans contraintes selon les paramètres de cavité finaux désirés, soient β, θ, L_{ref}, λ_{ref} et w_{0y}. Pour une opération sans lentille, il est cependant essentiel d'avoir une bonne réinjection en x également, limitant la méthode. En effet, par une analyse connexe à celle développée pour l'obtention de $G(x)$, on voit que l'on doit égaler les $N^{(xx)}$ issues de l'analyse de la période solution et de la courbure de faisceau gaussien en x. La première indique que

$$N^{(xx)}(x,0) = \frac{\Lambda_{ref}^{-1}\cos\beta\left(1 + \frac{x\sin(\beta-\theta)}{L_{ref}\cos\theta}\right)^{\frac{\cos\beta\sin\theta}{\sin(\beta-\theta)}-1}\tan\theta}{L_{ref}}, \tag{7.3.21}$$

alors que la deuxième indique que

$$N^{(xx)}(x,0) = \frac{\cos^2\beta}{\lambda(x)}\left[L(x)\left\{1 + \left(\frac{\pi w_{0x}^2}{\lambda(x)L(x)}\right)\right\}\right]. \tag{7.3.22}$$

L'optimisation d'une cavité réside alors dans le rapprochement maximal de ces deux fonctions, en ajustant les 4 paramètres de cavité selon les limites accessibles (angle de translation, angle d'impact, longueur de référence et milieu de gain utilisé). La limitation sur la plage accessible en syntonisation continue serait encore due aux techniques de fabrication puisque la prescription théorique idéale suggère une utilisation totale du spectre d'un milieu de gain donné.

7.3.3 Analyse des valeurs physiques

Les dimensions accessibles du réseau sont régies par la grosseur du faisceau à l'impact au réseau et l'encombrement des espaces inutilisés du réseau.

La dimension en x maximale dépend des angles et de la longueur de référence impliquée. Ultimement, on ne peut raccourcir la cavité au-delà d'une taille de $n_d L_d$, puisque cette longueur impliquerait le contact entre la diode laser et le réseau à période variable. Si on se réfère à la figure 7.3, on peut retrouver le x_{min} (la position du réseau la plus éloignée de la référence, dans la direction -x_0, et accessible sans contact des pièces). Sachant que

$$L(x) = L_{ref} + \frac{x \sin(\beta - \theta)}{\cos \theta}; \qquad (7.3.23)$$

et

$$L(x_{min}) = n_d L_d, \qquad (7.3.24)$$

on peut déduire la valeur minimale de x comme étant

$$x_{min} = \frac{(n_d L_d - L_{ref}) \cos \theta}{\sin \beta - \theta}. \qquad (7.3.25)$$

Cette limite représente la limite physique accessible du réseau dans une configuration donnée, mais la taille utile du faisceau peut y être inférieure si la plage de syntonisation ou de réinjection suffisante s'arrête avant cette valeur. Pour la valeur x_{max}, aucune limite d'encombrement n'est rencontrée mais deux choses doivent être prises en considération. La première étant que l'augmentation de x agrandit la cavité, réduisant l'écart spectral des modes axiaux et rendant plus significatif le phénomène de divergence du faisceau de la diode laser. En pratique, la plage de syntonisation permise par un réseau à période variable étant plus ou moins

7.3. AVENUE THÉORIQUE : CAVITÉ ULTRA-COMPACTE

symétriquement répartie de part et d'autre de $x = 0$, on considérera une limite $x_{max} \simeq x_{min}$.

La dimension en y du réseau doit être suffisante pour inclure, au minimum, la taille en y du faisceau à l'impact. Selon la divergence de la diode laser du même type que celle utilisée dans le cadre de ce mémoire, on peut déterminer l'ordre de grandeur de la taille en y du faisceau gaussien solution à la position $x_0 = 0$. La longueur de la cavité est alors L_{ref} et la taille du faisceau devient

$$w_y = w_{0y}\sqrt{1 + \left(\frac{L_{ref}}{z_0}\right)^2}. \qquad (7.3.26)$$

Considérant une limite arbitraire (mais acceptable considérant une distance légèrement inférieure à celles typiques d'une cavité étendue avec lentilles) de $L_{ref} = 3$ cm, on obtient un faisceau de 1.6 cm de largeur au réseau. Cette limite de taille impose une dimension en y maximale d'environ 3 cm pour le réseau à fabriquer. La dimension maximale a ici été exagérée puisque les efforts de compaction de la cavité réduiront le paramètre L_{ref} en deçà de 3 cm.

On obtient, au point d'impact, un faisceau assez large (comme discuté précédemment), permettant une grande sélectivité spectrale du réseau. L'analyse d'une éventuelle aberration due à la rencontre d'une focale différente en tout point d'impact (puisque le faisceau possède une dimension non nulle au réseau) devrait cependant être programmée pour davantage de précision. Une propagation sous forme matricielle deviendrait ici très importante.

7.3.4 Avenues expérimentales

La gravure binaire pourrait être utilisée dans un tel contexte puisque la réflectivité dans les différents ordres est principalement régie par la périodicité du réseau et par sa profondeur plutôt que par le style de profil rencontré. L'utilisation d'une diode sans face arrière à haute réflectivité permettrait également d'utiliser uniquement l'ordre -1, évitant les considérations de répartition de puissance au réseau (voir fig. 7.4). Cette avenue serait possible grâce à des réseaux spéculaires (sans ordre 0).

Il est possible, par ajustement de profondeur, de faire tendre la réflexion spéculaire d'un réseau vers 0. De tels réseaux sont observables à la figure 4.11 et ont

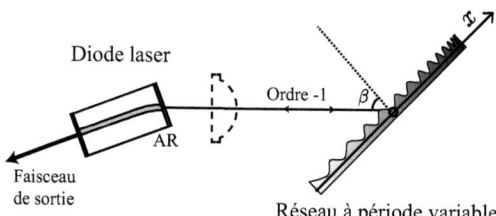

FIGURE 7.4 – Cavité utilisant la sortie arrière de la diode (réflectivité faible mais non-nulle) comme coupleur.

été fabriqués avec un haut taux de répétabilité, par gravure holographique, dans nos laboratoires.

Annexe A

Équation solution de la période - Dérivation

La dérivation prend assise sur l'équation (3.3.4).

Considérant la définition de la longueur de cavité

$$L(x) = L_{ref} + x_0 \frac{\sin(\beta - \theta)}{\cos \theta}, \tag{A.1}$$

l'équation différentielle devient

$$N^{(x)}(x_0) = \left(x_0 \frac{\sin(\beta - \theta)}{\sin \theta \cos \beta} + \frac{L_{ref}}{\cos \beta \tan \theta} \right) N^{(xx)}(x_0). \tag{A.2}$$

La forme $f(x) = (ax + b) f'(x)$ est une équation différentielle générale connue dont la solution est

$$f(x) = c(ax + b)^{\frac{1}{a}}. \tag{A.3}$$

La constante c est un facteur d'échelle déterminé par les conditions qu'on impose à notre fonction. Dans notre situation, on retrouve

$$a = \frac{\sin(\beta - \theta)}{\sin \theta \cos \beta}, \tag{A.4}$$

$$b = \frac{L_{ref}}{\cos \beta \tan \theta}, \tag{A.5}$$

impliquant la solution

$$N^{(x)}(x_0) = c \left(\frac{x_0 \sin(\beta - \theta)}{\sin\theta \cos\beta} + \frac{L_{ref}}{\cos\beta \tan\theta} \right)^{\frac{\sin\theta\cos\beta}{\sin(\beta-\theta)}}. \tag{A.6}$$

La constante c est obtenue en considérant que $N^{(x)}(0) = \Lambda_{ref}^{-1}$,

$$\Lambda_{ref}^{-1} = c \left(\frac{L_{ref}}{\cos\beta \tan\theta} \right)^{\frac{\sin\theta\cos\beta}{\sin(\beta-\theta)}}. \tag{A.7}$$

On introduit donc

$$c = \Lambda_{ref}^{-1} \left(\frac{L_{ref}}{\cos\beta \tan\theta} \right)^{-\frac{\sin\theta\cos\beta}{\sin(\beta-\theta)}}, \tag{A.8}$$

pour arriver à la solution

$$N^{(x)}(x_0) = \Lambda_{ref}^{-1} \left[1 + \frac{x_0 \sin(\beta - \theta)}{L_{ref} \cos\theta} \right]^{\frac{\sin\theta\cos\beta}{\sin(\beta-\theta)}}. \tag{A.9}$$

Annexe B

Données d'acquisition

En position de la caméra (voir fig. 6.1), un trait lumineux, associable à une longueur d'onde, peut être détecté (voir fig. B.1).

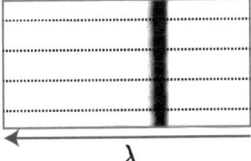

FIGURE B.1 – Écran d'acquisition normal à la caméra. Les lignes pointillées sont les coupes utilisées pour le balayage de la gaussienne. Cette image est perpendiculaire au schéma de la figure 6.1.

Lors de la détermination de la position de la ligne lumineuse, 4 lignes de pixels également espacées, sont utilisées comme coupe de l'écran et une gaussienne de largeur cohérente est balayée par incréments de dixièmes de pixels jusqu'à l'obtention d'une position précise. Bien que cette méthode ne soit pas idéale pour trouver la longueur d'onde absolue du faisceau (l'ouverture du monochromateur influence la largeur de la ligne et déplace son centre) mais est idéale pour comparer, dans des conditions identiques, deux mesures de longueurs d'onde subséquentes durant la translation du réseau. Une coupe de l'écran est montrée à la figure B.2.

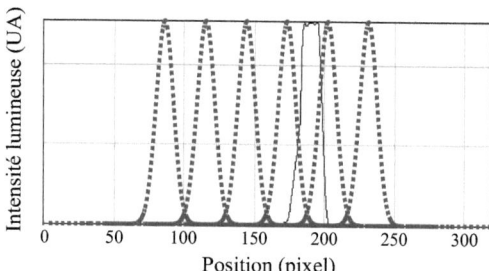

FIGURE B.2 – Coupe d'une image d'acquisition (ligne noire pleine) et quelques gaussiennes utilisées pour la détermination de la position réelle de la ligne imagée (lignes grises pointillées).

On remarque sur cette coupe que l'image à la caméra a été légèrement saturée, limitant la corrélation entre la gaussienne de comparaison et la ligne mesurée. Ce phénomène a été pris en compte lors des prises de mesure finales. De plus, l'écart entre des gaussiennes subséquentes est bien évidemment plus faible que sur cette figure et serait en fait imperceptible à cette échelle.

Bibliographie

[1] Bernard, M. G. A. and Duraffourg, G., "Laser conditions in semiconductors," *Physica Status Solidi (b)* **1**(7), 699–703 (1961).

[2] Hall, R. N., Fenner, G. E., Kingsley, J. D., Soltys, T. J., and Carlson, R. O., "Coherent light emission from gaas junctions," *Physical Review Letters* **9**, 366–368 (Nov 1962).

[3] Chow, W. and Koch, S., [*Semiconductor-Laser Fundamentals : Physics of the Gain Materials*], Chapter 1, Springer Verlag, 245 p. (1999).

[4] Alferov, Z. and Kazarinov, R., "Semiconductor laser with electrical pumping." USSR patent 181737 (1963).

[5] Kroemer, H., "A proposed class of hetero-junction injection lasers," *Proceedings of the IEEE* **51**(12), 1782–1783 (1963).

[6] Siegman, A., [*Lasers*], University Science Books, 1283 p. (1986).

[7] Calvez, S., Hastie, J., Guina, M., Okhotnikov, O., and Dawson, M., "Semiconductor disk lasers for the generation of visible and ultraviolet radiation," *Laser & Photonics Reviews* **3**(5), 407–434 (2009).

[8] Fleming, M. and Mooradian, A., "Spectral characteristics of external-cavity controlled semiconductor lasers," *IEEE Journal of Quantum Electronics* **17**(1), 44–59 (1981).

[9] Duarte, F. J., [*Tunable Lasers Handbook*], Academic Pr, 477 p. (1995).

[10] Hecht, E., [*Optics*], Addison-Wesley, San Francisco, CA, fourth ed. (2002).

[11] Chao, M. and Cheng, S., "Aspheric Lens Design," in [*Ultrasonics Symposium, 2000 IEEE*], **2**, 1025–1028, IEEE (2000).

[12] Dumas, P., Fleig, J., Forbes, G., Golini, D., Kordonski, W., Murphy, P., Shorey, A., and Tricard, M., "Flexible polishing and metrology solutions for freeform optics," in [*Proceedings of ASPE, Winter Topical Meeting*], (2004).

[13] Zhan, Z., Wang, K., Yao, H., and Cao, Z., "Fabrication and characterization of aspherical lens manipulated by electrostatic field," *Appied Optics* **48**, 4375–4380 (Aug 2009).

[14] Duval, M., Fortin, G., Piché, M., and McCarthy, N., "Tuning of external-cavity semiconductor lasers with chirped diffraction gratings," *Applied Optics* **44**(24), 5112–5119 (2005).

[15] De Labachelerie, M. and Passedat, G., "Mode-hop suppression of Littrow grating-tuned lasers," *Applied Optics* **32**(3), 269–274 (1993).

[16] De Labachelerie, M., Sasada, H., and Passedat, G., "Mode-hop suppression of Littrow grating-tuned lasers : erratum," *Applied Optics* **33**(18), 3817–3819 (1994).

[17] Andreeva, C., Dancheva, Y., Taslakov, M., Markovski, A., Zubov, P., and Cartaleva, S., "Continuously tunable extended cavity diode laser at 780 nm for high resolution spectroscopy," *Spectroscopy Letters* **34**(3), 395–406 (2001).

[18] Wysocki, G., Curl, R., Tittel, F., Maulini, R., Bulliard, J., and Faist, J., "Widely tunable mode-hop free external cavity quantum cascade laser for high resolution spectroscopic applications," *Applied Physics B : Lasers and Optics* **81**(6), 769–777 (2005).

[19] Wyatt, R. and Devlin, W., "10 kHz linewidth 1.5 μm InGaAsP external cavity laser with 55 nm tuning range," *Electronics Letters* **19**(3), 110–112 (1983).

[20] Liu, K. and Littman, M., "Novel geometry for single-mode scanning of tunable lasers," *Optics Letters* **6**(3), 117–118 (1981).

[21] McNicholl, P. and Metcalf, H., "Synchronous cavity mode and feedback wavelength scanning in dye laser oscillators with gratings," *Applied Optics* **24**(17), 2757–2761 (1985).

[22] Levin, L., "Mode-hop-free electro-optically tuned diode laser," *Optics Letters* **27**(4), 237–239 (2002).

[23] April, A. and McCarthy, N., "ABCD-matrix elements for a chirped diffraction grating," *Optics Communications* **271**(2), 327–331 (2007).

[24] Fortin, G. and McCarthy, N., "4× 4 ray matrix for a curved chirped grating at oblique incidence," *Journal of the Optical Society of America A* **25**(8), 2139–2148 (2008).

BIBLIOGRAPHIE

[25] Fortin, G., *Syntonisation continue d'un laser à semi-conducteurs avec un réseau translaté*, PhD thesis, Université Laval (2010).

[26] Gouy, L., [*Sur une propriété nouvelle des ondes lumineuses*], Gauthier-Villars (1890).

[27] Bartolini, R. A., "Characteristics of relief phase holograms recorded in photoresists," *Applied Optics* **13**, 129–139 (Jan 1974).

[28] Lepage, J.-F., *Contrôle modal des diodes laser à large fenêtre d'émission*, PhD thesis, Université Laval (2003).

[29] Zorabedian, P., "Axial-mode instability in tunable external-cavity semiconductor lasers," *IEEE Journal - Selected Topics in Quantum Electronics* **30**(7), 1542–1552 (1994).

[30] Fortin, G. and McCarthy, N., "Technique for continuous tuning of an extended-cavity diode laser," *Optics Letters* **34**, 3322–3324 (Nov 2009).

[31] Fortin, G. and McCarthy, N., "Continuous tuning of a diode laser over 8.4 thz near 1550 nm with a chirped grating," *IEEE Journal - Selected Topics in Quantum Electronics* (99), 1–6 (2011).

Oui, je veux morebooks!

I want morebooks!

Buy your books fast and straightforward online - at one of the world's fastest growing online book stores! Environmentally sound due to Print-on-Demand technologies.

Buy your books online at
www.get-morebooks.com

Achetez vos livres en ligne, vite et bien, sur l'une des librairies en ligne les plus performantes au monde!
En protégeant nos ressources et notre environnement grâce à l'impression à la demande.

La librairie en ligne pour acheter plus vite
www.morebooks.fr

SIA OmniScriptum Publishing
Brivibas gatve 1 97
LV-103 9 Riga, Latvia
Telefax: +371 68620455

info@omniscriptum.com
www.omniscriptum.com

Printed by Books on Demand GmbH, Norderstedt / Germany